中华人民共和国住房和城乡建设部

# 城市综合管廊工程投资估算指标

## （试 行）

### ZYA 1–12（10）–2015

U0351826

中国计划出版社

北 京

**图书在版编目（ＣＩＰ）数据**

城市综合管廊工程投资估算指标:试行:ZYA 1 – 12（10）–
2015/上海市政工程设计研究总院(集团)有限公司主编. —北
京：中国计划出版社，2015.7
ISBN 978-7-5182-0208-9

Ⅰ.①城… Ⅱ.①上… Ⅲ.①市政工程-管道工程-工程造价-
估算 Ⅳ.①TU723.3

中国版本图书馆 CIP 数据核字(2015)第 160985 号

城市综合管廊工程投资估算指标
（试行）
ZYA 1-12（10）-2015
上海市政工程设计研究总院(集团)有限公司 主编


中国计划出版社出版
网址：www.jhpress.com
地址：北京市西城区木樨地北里甲 11 号国宏大厦 C 座 3 层
邮政编码：100038 电话：(010) 63906433 (发行部)
新华书店北京发行所发行
北京市科星印刷有限责任公司印刷

880mm×1230mm 1/16 8 印张 262 千字
2015 年 7 月第 1 版 2015 年 7 月第 1 次印刷
印数 1—8000 册

ISBN 978-7-5182-0208-9
定价：44.00 元

主编部门:中华人民共和国住房和城乡建设部

批准部门:中华人民共和国住房和城乡建设部

执行日期:２０１５年７月１日

# 住房城乡建设部关于印发《城市综合管廊工程投资估算指标》（试行）的通知

建标〔2015〕85 号

各省、自治区住房城乡建设厅，直辖市建委，国务院有关部门：

为贯彻落实《国务院办公厅关于加强城市地下管线建设管理的指导意见》（国办发〔2014〕27 号），推进城市综合管廊工程建设，依据《城市综合管廊工程技术规范》（GB 50838—2015），我部组织编制了《城市综合管廊工程投资估算指标》（ZYA 1—12（10）—2015）（试行），现印发给你们，自 2015 年 7 月 1 日起施行。执行中遇到的问题和有关建议请及时反馈我部。各地可结合本地实际情况，进一步补充细化综合管廊造价指标，为综合管廊建设提供更完善的计价依据。

《城市综合管廊工程投资估算指标》由我部标准定额研究所组织中国计划出版社出版发行。

中华人民共和国住房和城乡建设部
2015 年 6 月 15 日

# 前　　言

为贯彻落实《国务院办公厅关于加强城市地下管线建设管理的指导意见》(国办发〔2014〕27号),住房城乡建设部组织制定了《城市综合管廊工程投资估算指标》(ZYA 1—12(10)—2015)(试行),(以下简称《指标》),自2015年7月1日起施行。《指标》的制定发布将对合理确定和控制城市综合管廊工程投资,满足城市综合管廊工程编制项目建议书和可行性研究报告投资估算的需要起到积极作用。

本《指标》由住房城乡建设部标准定额司负责管理,上海市政工程设计研究总院(集团)有限公司负责解释,请各单位在执行过程中,注意积累资料,认真总结经验,将有关意见及时反馈上海市政工程设计研究总院(集团)有限公司。

本《指标》的主编单位和参编单位:

主编单位:上海市政工程设计研究总院(集团)有限公司

参编单位:北京市市政工程设计研究总院有限公司

中冶京诚工程技术有限公司

北京城建设计发展集团股份有限公司

北京市建设工程造价管理处

电力工程定额管理总站

工业和信息化部通信工程定额质监中心

北京市煤气热力工程设计院有限公司

# 总　说　明

为贯彻落实《国务院办公厅关于加强城市地下管线建设管理的指导意见》(国办发〔2014〕27号),满足城市综合管廊工程前期投资估算的需要,进一步推进城市综合管廊工程建设,制定《城市综合管廊工程投资估算指标》(试行)(以下简称本指标)。

一、本指标以《城市综合管廊工程技术规范》(GB 50838—2015)、相关的工程设计标准、工程造价计价办法、有关定额指标为依据,结合近年有代表性的城市综合管廊工程的相关资料进行编制。

二、本指标适用于新建的城市综合管廊工程项目。改建、扩建的项目可参考使用。

三、本指标是城市综合管廊工程前期编制投资估算、多方案比选和优化设计的参考依据;是项目决策阶段评价投资可行性、分析投资效益的主要经济指标。

四、本指标分为综合指标和分项指标。综合指标包括建筑工程费、安装工程费、设备工器具购置费、工程建设其他费用和基本预备费;分项指标包括建筑工程费、安装工程费和设备购置费。

(一)建筑安装工程费由直接费和综合费用组成。直接费由人工费、材料费和机械费组成。综合费用由企业管理费、利润、规费和税金组成。

(二)设备购置费依据设计文件规定,其价格由设备原价+设备运杂费组成,设备运杂费指除设备原价之外的设备采购、运输、包装及仓库保管等方面支出费用的总和。

(三)除通信工程外,工程建设其他费用包括:建设管理费、可行性研究费、研究试验费、勘察设计费、环境影响评价费、场地准备及临时设施费、工程保险费、联合试运转费等,工程建设其他费用费率的计费基数为建筑安装工程费与设备购置费之和。各地根据具体情况可予以调整。

(四)基本预备费系指在投资估算阶段不可预见的工程费用,基本预备费费率的计费基数为建筑安装工程费、设备购置费和工程建设其他费用的三部分之和。

五、综合指标可应用于项目建议书与可行性研究阶段,当设计建设相关条件进一步明确时,分项指标可应用于估算某一标准段或特殊段费用。

六、本指标设备购置费采用国产设备,由于设计的技术标准、各种设备的更新等因素,实际采用的设备可能有较大出入,如在设计方案已有主要设备选型,应按主要设备原价加运杂费等费用计算设备购置费。

七、本指标人工、材料、机械台班单价按北京市2014年5月造价信息。

八、本指标计算程序见下表。

## 造价指标计算程序表

| 序号 | 指标分类 | | 项　目 | 取费基数及计算式 |
|---|---|---|---|---|
| | | | 指标基价 | |
| 一 | 综合指标 | 分项指标 | 建筑安装工程费 | 4+5 |
| 1 | | | 人工费小计 | — |
| 2 | | | 材料费小计 | — |
| 3 | | | 机械费小计 | — |
| 4 | | | 直接费小计 | 1+2+3 |
| 5 | | | 综合费用 | 4×综合费用费率 |
| 二 | | | 管廊本体设备购置费 | 原价+设备运杂费 |
| 三 | | | 工程建设其他费用 | (一+二)×工程建设其他费用费率 |
| 四 | | | 基本预备费 | (一+二+三)×10% |
| 五 | | | 专业管线费 | |

注:本表一至四项指管廊本体工程建设费用,第五项指电力、通信、燃气、热力等专业管线入廊费用。造价指标按入廊管线不同情况进行组合,与管廊本体工程费用叠加。

九、本指标的使用。本指标中的人工、材料、机械费的消耗量原则上不作调整。使用本指标时可按指标消耗量及工程所在地当时当地市场价格并按照规定的计算程序和方法调整指标,费率可参照指标确定,也可按各级建设行政主管部门发布的费率调整。

具体调整办法如下:

(一)建筑安装工程费的调整。

1. 人工费:以指标人工工日数乘以当时当地造价管理部门发布的人工单价确定。

2. 材料费:以指标主要材料消耗量乘以当时当地造价管理部门发布的相应材料价格确定。

$$其他材料费 = 指标其他材料费 \times \frac{调整后的主要材料费}{指标材料费小计 - 指标其他材料费}$$

3. 机械费:

$$机械费 = 指标机械费 \times \frac{调整后(人工费小计 + 材料费小计)}{指标(人工费小计 + 材料费小计)}$$

4. 直接费:调整后的直接费为调整后的人工费、材料费、机械费之和。

5. 综合费用:综合费用的调整应按当时当地不同工程类别的综合费率计算。计算公式如下:

$$综合费用 = 调整后的直接费 \times 当时当地的综合费率$$

6. 建筑安装工程费:

$$建筑安装工程费 = 调整后的(直接费 + 综合费用)$$

(二)设备购置费的调整。指标中列有设备购置费的,按主要设备清单,采用当时当地的设备价格进行调整。

(三)工程建设其他费用的调整。

$$工程建设其他费用 = 调整后的(建筑安装工程费 + 设备购置费) \times$$
$$工程建设其他费用费率$$

(四)基本预备费的调整。

$$基本预备费 = 调整后的(建筑安装工程费 + 设备购置费 + 工程建设其他费用) \times 基本预备费费率$$

(五)综合指标基价的调整。

$$综合指标基价 = 调整后的(建筑安装工程费 + 设备购置费 + 工程建设其他费用 + 基本预备费)$$

十、本指标中指标编号为"×Z-×××"或"×F-×××",除注明英文字母表示外,均用阿拉伯数字表示。

其中:

1. Z表示综合指标,1Z为管廊本体工程,2Z为入廊电力管线,3Z为入廊通信管线,4Z为入廊燃气管线,5Z为入廊热力管线。

2. F表示分项指标,1F为标准段,2F为吊装口,3F为通风口,4F为管线分支口,5F为人员出入口,6F为交叉口,7F为端部井,8F为分变电所,9F为分变电所-水泵房,10F为倒虹段,11F为其他。

3. "-"线后部分××表示划分序号,同一部分顺序编号。

十一、本指标中注明"××以内"或"××以下"者,均包括××本身;而注明"××以外"或"××以上"者,均不包括××本身。

十二、工程量计算规则:

1. 混凝土体积:不包括素混凝土垫层和填充混凝土。

2. 管廊断面面积 = 结构内径(净宽度×净高度)

3. 建筑体积 = 管廊断面面积×长度

# 目 录

# 1 综合指标

## 说 明

**1** 管廊本体的建筑工程一般包括标准段、吊装口、通风口、管线分支口、人员出入口、交叉口和端部井等。

**2** 综合指标包括管廊本体和进入管廊的专业管线,其中管廊本体包括管廊的建筑工程、供电照明、通风、排水、自动化及仪表、通信、监控及报警、消防等辅助设施,以及入廊电缆支架的相关费用,但不包括入廊管线、电(光)缆桥架以及给水、排水、热力、燃气管道支架。

**3** 本指标对电力、通信、燃气和热力按照主材不同分别列出了综合指标,给水和排水管线的造价可参考《市政工程投资估算指标》。

**4** 综合指标适用于干线和支线管廊工程。

**5** 综合指标的计量单位为 m。

**6** 除入廊通信管线外,工程建设其他费用费率为 15%。

**7** 除入廊通信管线外,基本预备费费率为 10%。

## 1.1 管廊本体工程

### 说 明

**1** 综合指标是根据管廊断面面积、舱位数量,考虑合理的技术经济情况进行组合设置,分为以下 17 项:

| 断面面积(m²) | 10~20 | 20~35 | | 35~45 | | | 45~55 | | |
|---|---|---|---|---|---|---|---|---|---|
| 舱数 | 1 | 1 | 2 | 2 | 3 | 4 | 3 | 4 | 5 |

| 断面面积(m²) | 55~65 | | 65~75 | | 75~85 | | 85~95 | |
|---|---|---|---|---|---|---|---|---|
| 舱数 | 4 | 5 | 4 | 5 | 4 | 5 | 5 | 6 |

**2** 综合指标反映不同断面、不同舱位管廊的综合投资指标,内容包括:土方工程、钢筋混凝土工程、降水、围护结构和地基处理等,但未考虑湿陷性黄土区、地震设防、永久性冻土和地质情况十分复杂等地区的特殊要求,如发生时应结合具体情况进行调整。

| 序号 | 指标编号 | | | 1Z-01 | |
|---|---|---|---|---|---|
| | 项 目 | | 单 位 | 断面面积（m²）10~20 | |
| | | | | 1 舱 | |
| | 指标基价 | | 元 | 51091~61133 | |
| 一 | 建筑工程费用 | | 元 | 32838~40776 | |
| 二 | 安装工程费用 | | 元 | 3397 | |
| 三 | 管廊本体设备购置费 | | 元 | 4153 | |
| 四 | 工程建设其他费用 | | 元 | 6058~7249 | |
| 五 | 基本预备费 | | 元 | 4645~5558 | |
| 建筑安装工程费 | | | | | |
| 直接费 | 人工费 | 建筑工程人工 | 工日 | 45.20~57.15 | |
| | | 安装工程人工 | 工日 | 29.21~33.56 | |
| | | 人工费小计 | 元 | 6957~8481 | |
| | 材料费 | 商品混凝土 | m³ | 6.83~9.08 | |
| | | 钢材 | kg | 1115.31~1481.53 | |
| | | 木材 | m³ | 0.05~0.06 | |
| | | 砂 | t | 3.70~3.81 | |
| | | 钢管及钢配件 | kg | 187.50~187.50 | |
| | | 其他材料 | 元 | 574~700 | |
| | | 材料费小计 | 元 | 17393~21203 | |
| | 机械费 | 机械费 | 元 | 4415~5383 | |
| | | 其他机械 | 元 | 223~271 | |
| | | 机械费小计 | 元 | 4638~5654 | |
| | 小 计 | | 元 | 28988~35338 | |
| 综合费用 | | | 元 | 7247~8835 | |
| 合 计 | | | 元 | 36235~44173 | |

| 序号 | 指标编号 | | 单 位 | 1Z-02 |
|---|---|---|---|---|
| | 项 目 | | | 断面面积(m²)20~35 |
| | | | | 1 舱 |
| | 指标基价 | | 元 | 61133~75557 |
| 一 | 建筑工程费用 | | 元 | 40776~52179 |
| 二 | 安装工程费用 | | 元 | 3397 |
| 三 | 管廊本体设备购置费 | | 元 | 4153 |
| 四 | 工程建设其他费用 | | 元 | 7249~8959 |
| 五 | 基本预备费 | | 元 | 5558~6869 |
| 建筑安装工程费 | | | | |
| 直接费 | 人工费 | 建筑工程人工 | 工日 | 57.15~71.90 |
| | | 安装工程人工 | 工日 | 33.56~42.23 |
| | | 人工费小计 | 元 | 8481~10671 |
| | 材料费 | 商品混凝土 | m³ | 9.08~12.58 |
| | | 钢材 | kg | 1481.53~2053.75 |
| | | 木材 | m³ | 0.06 |
| | | 砂 | t | 3.81~3.94 |
| | | 钢管及钢配件 | kg | 187.50 |
| | | 其他材料 | 元 | 700~880 |
| | | 材料费小计 | 元 | 21203~26677 |
| | 机械费 | 机械费 | 元 | 5383~6772 |
| | | 其他机械 | 元 | 271~341 |
| | | 机械费小计 | 元 | 5654~7113 |
| | 小 计 | | 元 | 35338~44461 |
| | 综合费用 | | 元 | 8835~11115 |
| | 合 计 | | 元 | 44173~55576 |

単位：m

| 指标编号 | | | 1Z－03 |
|---|---|---|---|
| 序号 | 项目 | 单位 | 断面面积(m²)20～35 |
| | | | 2 舱 |
| | 指标基价 | 元 | 61133～97815 |
| 一 | 建筑工程费用 | 元 | 40776～67974 |
| 二 | 安装工程费用 | 元 | 3397～4207 |
| 三 | 管廊本体设备购置费 | 元 | 4153～5143 |
| 四 | 工程建设其他费用 | 元 | 7249～11599 |
| 五 | 基本预备费 | 元 | 5558～8892 |
| 建筑安装工程费 | | | |
| 直接费 | 人工费 | 建筑工程人工 | 工日 | 57.15～93.38 |
| | | 安装工程人工 | 工日 | 33.56～54.84 |
| | | 人工费小计 | 元 | 8481～13859 |
| | 材料费 | 商品混凝土 | m³ | 9.08～16.94 |
| | | 钢材 | kg | 1481.53～2765.38 |
| | | 木材 | m³ | 0.06 |
| | | 砂 | t | 3.81～4.54 |
| | | 钢管及钢配件 | kg | 187.50～250.00 |
| | | 其他材料 | 元 | 700～1143 |
| | | 材料费小计 | 元 | 21203～34647 |
| | 机械费 | 机械费 | 元 | 5383～8796 |
| | | 其他机械 | 元 | 271～443 |
| | | 机械费小计 | 元 | 5654～9239 |
| | 小计 | | 元 | 35338～57745 |
| 综合费用 | | 元 | 8835～14436 |
| 合计 | | 元 | 44173～72181 |

· 4 ·

| 序号 | 项 目 | | 单 位 | 指 标 编 号 | 1Z－04 |
|---|---|---|---|---|---|
| | | | | 断面面积(m²)35～45 | |
| | | | | 2 舱 | |
| | 指标基价 | | 元 | 97815～122121 | |
| 一 | 建筑工程费用 | | 元 | 67974～87188 | |
| 二 | 安装工程费用 | | 元 | 4207 | |
| 三 | 管廊本体设备购置费 | | 元 | 5143 | |
| 四 | 工程建设其他费用 | | 元 | 11599～14481 | |
| 五 | 基本预备费 | | 元 | 8892～11102 | |
| 建筑安装工程费 | | | | | |
| 直接费 | 人工费 | 建筑工程人工 | 工日 | 93.38～118.24 | |
| | | 安装工程人工 | 工日 | 54.84～69.44 | |
| | | 人工费小计 | 元 | 13859～17548 | |
| | 材料费 | 商品混凝土 | m³ | 16.94～21.43 | |
| | | 水下商品混凝土 | m³ | 2.34 | |
| | | 钢材 | kg | 2765.38～3497.74 | |
| | | 木材 | m³ | 0.06 | |
| | | 砂 | t | 4.54～4.70 | |
| | | 钢管及钢配件 | kg | 250.00 | |
| | | 其他材料 | 元 | 1143～1448 | |
| | | 材料费小计 | 元 | 34647～43869 | |
| | 机械费 | 机械费 | 元 | 8796～11137 | |
| | | 其他机械 | 元 | 443～562 | |
| | | 机械费小计 | 元 | 9239～11699 | |
| | 小 计 | | 元 | 57745～73116 | |
| | 综合费用 | | 元 | 14436～18279 | |
| | 合 计 | | 元 | 72181～91395 | |

| 序号 | 指 标 编 号 | | | 1Z－05 |
|---|---|---|---|---|
| | 项 目 | | 单 位 | 断面面积（m²）35～45 |
| | | | | 3 舱 |
| | 指 标 基 价 | | 元 | 97815～139953 |
| 一 | 建筑工程费用 | | 元 | 67974～99535 |
| 二 | 安装工程费用 | | 元 | 4207～4995 |
| 三 | 管廊本体设备购置费 | | 元 | 5143～6105 |
| 四 | 工程建设其他费用 | | 元 | 11599～16595 |
| 五 | 基本预备费 | | 元 | 8892～12723 |
| 建筑安装工程费 | | | | |
| 直接费 | 人工费 | 建筑工程人工 | 工日 | 93.38～135.23 |
| | | 安装工程人工 | 工日 | 54.84～79.42 |
| | | 人工费小计 | 元 | 13859～20070 |
| | 材料费 | 商品混凝土 | m³ | 16.94～25.34 |
| | | 水下商品混凝土 | m³ | 2.34 |
| | | 钢材 | kg | 2765.38～4134.97 |
| | | 木材 | m³ | 0.06 |
| | | 砂 | t | 4.54～5.14 |
| | | 钢管及钢配件 | kg | 250.00～312.50 |
| | | 其他材料 | 元 | 1143～1656 |
| | | 材料费小计 | 元 | 34647～50174 |
| | 机械费 | 机械费 | 元 | 8796～12738 |
| | | 其他机械 | 元 | 443～642 |
| | | 机械费小计 | 元 | 9239～13380 |
| | 小 计 | | 元 | 57745～83624 |
| | 综合费用 | | 元 | 14436～20906 |
| | 合 计 | | 元 | 72181～104530 |

| 序号 | 指标编号 | | | 1Z－06 |
|---|---|---|---|---|
| | 项　目 | | 单　位 | 断面面积（m²）35～45 |
| | | | | 4舱 |
| | 指标基价 | | 元 | 97815～163742 |
| 一 | 建筑工程费用 | | 元 | 67974～116461 |
| 二 | 安装工程费用 | | 元 | 4207～5840 |
| 三 | 管廊本体设备购置费 | | 元 | 5143～7139 |
| 四 | 工程建设其他费用 | | 元 | 11599～19416 |
| 五 | 基本预备费 | | 元 | 8892～14886 |
| 建筑安装工程费 | | | | |
| 直接费 | 人工费 | 建筑工程人工 | 工日 | 93.38～158.22 |
| | | 安装工程人工 | 工日 | 54.84～92.92 |
| | | 人工费小计 | 元 | 13859～23482 |
| | 材料费 | 商品混凝土 | m³ | 16.94～30.53 |
| | | 水下商品混凝土 | m³ | 2.34 |
| | | 钢材 | kg | 2765.38～4981.93 |
| | | 木材 | m³ | 0.06 |
| | | 砂 | t | 4.54～5.66 |
| | | 钢管及钢配件 | kg | 250.00～350.00 |
| | | 其他材料 | 元 | 1143～1937 |
| | | 材料费小计 | 元 | 34647～58705 |
| | 机械费 | 机械费 | 元 | 8796～14903 |
| | | 其他机械 | 元 | 443～751 |
| | | 机械费小计 | 元 | 9239～15654 |
| | 小　计 | | 元 | 57745～97841 |
| 综合费用 | | | 元 | 14436～24460 |
| 合　计 | | | 元 | 72181～122301 |

| 序号 | | 指标编号 | | 1Z－07 |
|---|---|---|---|---|
| | | 项　目 | 单　位 | 断面面积(m²)45~55 |
| | | | | 3 舱 |
| | | 指标基价 | 元 | 139953~162061 |
| 一 | | 建筑工程费用 | 元 | 99535~117011 |
| 二 | | 安装工程费用 | 元 | 4995 |
| 三 | | 管廊本体设备购置费 | 元 | 6105 |
| 四 | | 工程建设其他费用 | 元 | 16595~19217 |
| 五 | | 基本预备费 | 元 | 12723~14733 |
| 建筑安装工程费 | | | | |
| 直接费 | 人工费 | 建筑工程人工 | 工日 | 135.23~157.84 |
| | | 安装工程人工 | 工日 | 79.42~92.70 |
| | | 人工费小计 | 元 | 20070~23425 |
| | 材料费 | 商品混凝土 | m³ | 25.34~30.86 |
| | | 水下商品混凝土 | m³ | 2.34 |
| | | 钢材 | kg | 4134.97~5035.87 |
| | | 木材 | m³ | 0.06 |
| | | 砂 | t | 5.14~5.33 |
| | | 钢管及钢配件 | kg | 312.50 |
| | | 其他材料 | 元 | 1656~1933 |
| | | 材料费小计 | 元 | 50174~58563 |
| | 机械费 | 机械费 | 元 | 12738~14867 |
| | | 其他机械 | 元 | 642~750 |
| | | 机械费小计 | 元 | 13380~15617 |
| | 小　计 | | 元 | 83624~97605 |
| 综合费用 | | | 元 | 20906~24401 |
| 合　计 | | | 元 | 104530~122006 |

| 序号 | 项目 | | 单位 | 指标编号 | 1Z－08 |
|---|---|---|---|---|---|
| | | | | 断面面积(m²)45～55 | |
| | | | | 4舱 | |
| | 指标基价 | | 元 | 163742～172394 | |
| 一 | 建筑工程费用 | | 元 | 116461～123301 | |
| 二 | 安装工程费用 | | 元 | 5840 | |
| 三 | 管廊本体设备购置费 | | 元 | 7139 | |
| 四 | 工程建设其他费用 | | 元 | 19416～20442 | |
| 五 | 基本预备费 | | 元 | 14886～15672 | |
| 建筑安装工程费 | | | | | |
| 直接费 | 人工费 | 建筑工程人工 | 工日 | 158.22～167.07 | |
| | | 安装工程人工 | 工日 | 92.92～98.12 | |
| | | 人工费小计 | 元 | 23482～24795 | |
| | 材料费 | 商品混凝土 | m³ | 30.53～32.45 | |
| | | 水下商品混凝土 | m³ | 2.34 | |
| | | 钢材 | kg | 4981.93～5295.55 | |
| | | 木材 | m³ | 0.06 | |
| | | 砂 | t | 5.66～5.84 | |
| | | 钢管及钢配件 | kg | 350.00 | |
| | | 其他材料 | 元 | 1937～2046 | |
| | | 材料费小计 | 元 | 58705～61988 | |
| | 机械费 | 机械费 | 元 | 14903～15737 | |
| | | 其他机械 | 元 | 751～793 | |
| | | 机械费小计 | 元 | 15654～16530 | |
| | 小　计 | | 元 | 97841～103313 | |
| | 综合费用 | | 元 | 24460～25828 | |
| | 合　计 | | 元 | 122301～129141 | |

単位：m

| 序号 | | 指 标 编 号 | | 1Z-09 |
|---|---|---|---|---|
| | | 项 目 | 单 位 | 断面面积(m²)45~55 |
| | | | | 5 舱 |
| | | 指标基价 | 元 | 163742~188896 |
| 一 | | 建筑工程费用 | 元 | 116461~133774 |
| 二 | | 安装工程费用 | 元 | 5840~6998 |
| 三 | | 管廊本体设备购置费 | 元 | 7139~8553 |
| 四 | | 工程建设其他费用 | 元 | 19416~22399 |
| 五 | | 基本预备费 | 元 | 14886~17172 |
| | | 建筑安装工程费 | | |
| 直接费 | 人工费 | 建筑工程人工 | 工日 | 158.22~182.12 |
| | | 安装工程人工 | 工日 | 92.92~106.96 |
| | | 人工费小计 | 元 | 23482~27028 |
| | 材料费 | 商品混凝土 | m³ | 30.53~35.77 |
| | | 水下商品混凝土 | m³ | 2.34 |
| | | 钢材 | kg | 4981.93~5836.89 |
| | | 木材 | m³ | 0.06 |
| | | 砂 | t | 5.66~6.32 |
| | | 钢管及钢配件 | kg | 350.00~375.00 |
| | | 其他材料 | 元 | 1937~2230 |
| | | 材料费小计 | 元 | 58705~67571 |
| | 机械费 | 机械费 | 元 | 14903~17154 |
| | | 其他机械 | 元 | 751~865 |
| | | 机械费小计 | 元 | 15654~18019 |
| | | 小 计 | 元 | 97841~112618 |
| | | 综合费用 | 元 | 24460~28154 |
| | | 合 计 | 元 | 122301~140772 |

·10·

| 序号 | 指标编号 | | 单 位 | 1Z-10 |
|---|---|---|---|---|
| | 项 目 | | | 断面面积(m²)55~65 |
| | | | | 4舱 |
| | 指标基价 | | 元 | 172394~218928 |
| 一 | 建筑工程费用 | | 元 | 123301~160086 |
| 二 | 安装工程费用 | | 元 | 5840 |
| 三 | 管廊本体设备购置费 | | 元 | 7139 |
| 四 | 工程建设其他费用 | | 元 | 20442~25960 |
| 五 | 基本预备费 | | 元 | 15672~19903 |
| 建筑安装工程费 | | | | |
| 直接费 | 人工费 | 建筑工程人工 | 工日 | 167.07~214.66 |
| | | 安装工程人工 | 工日 | 98.12~126.07 |
| | | 人工费小计 | 元 | 24795~31858 |
| | 材料费 | 商品混凝土 | m³ | 32.45~36.18 |
| | | 水下商品混凝土 | m³ | 2.34 |
| | | 水泥 | kg | 12597.39 |
| | | 钢材 | kg | 5295.55~5904.29 |
| | | 木材 | m³ | 0.06~0.07 |
| | | 砂 | t | 5.84~5.93 |
| | | 钢管及钢配件 | kg | 350.00 |
| | | 其他材料 | 元 | 2046~2628 |
| | | 材料费小计 | 元 | 61988~79645 |
| | 机械费 | 机械费 | 元 | 15737~20219 |
| | | 其他机械 | 元 | 793~1019 |
| | | 机械费小计 | 元 | 16530~21238 |
| | 小 计 | | 元 | 103313~132741 |
| | 综合费用 | | 元 | 25828~33185 |
| | 合 计 | | 元 | 129141~165926 |

单位：m

| 序号 | 指 标 编 号 | | | 1Z-11 |
|---|---|---|---|---|
| | 项　目 | 单　位 | | 断面面积(m²)55~65 |
| | | | | 5舱 |
| | 指标基价 | 元 | | 188896~245054 |
| 一 | 建筑工程费用 | 元 | | 133774~178167 |
| 二 | 安装工程费用 | 元 | | 6998 |
| 三 | 管廊本体设备购置费 | 元 | | 8553 |
| 四 | 工程建设其他费用 | 元 | | 22399~29058 |
| 五 | 基本预备费 | 元 | | 17172~22278 |
| 建筑安装工程费 | | | | |
| 直接费 | 人工费 | 建筑工程人工 | 工日 | 182.12~239.55 |
| | | 安装工程人工 | 工日 | 106.96~140.69 |
| | | 人工费小计 | 元 | 27028~35552 |
| | 材料费 | 商品混凝土 | m³ | 35.77~41.38 |
| | | 水下商品混凝土 | m³ | 2.34 |
| | | 水泥 | kg | 13278.33 |
| | | 钢材 | kg | 5836.89~6753.78 |
| | | 木材 | m³ | 0.06~0.07 |
| | | 砂 | t | 6.32~6.56 |
| | | 钢管及钢配件 | kg | 375.00 |
| | | 其他材料 | 元 | 2230~2933 |
| | | 材料费小计 | 元 | 67571~88879 |
| | 机械费 | 机械费 | 元 | 17154~22563 |
| | | 其他机械 | 元 | 865~1138 |
| | | 机械费小计 | 元 | 18019~23701 |
| | 小　计 | | 元 | 112618~148132 |
| | 综合费用 | | 元 | 28154~37033 |
| | 合　计 | | 元 | 140772~185165 |

| 序号 | 指 标 编 号 | | 单 位 | 1Z－12 |
|---|---|---|---|---|
| | 项 目 | | | 断面面积(m²)65～75 |
| | | | | 4舱 |
| | 指标基价 | | 元 | 218928～236368 |
| 一 | 建筑工程费用 | | 元 | 160086～173873 |
| 二 | 安装工程费用 | | 元 | 5840 |
| 三 | 管廊本体设备购置费 | | 元 | 7139 |
| 四 | 工程建设其他费用 | | 元 | 25960～28028 |
| 五 | 基本预备费 | | 元 | 19903～21488 |
| 建筑安装工程费 | | | | |
| 直接费 | 人工费 | 建筑工程人工 | 工日 | 214.66～232.49 |
| | | 安装工程人工 | 工日 | 126.07～136.54 |
| | | 人工费小计 | 元 | 31858～34505 |
| | 材料费 | 商品混凝土 | m³ | 36.18～39.96 |
| | | 水下商品混凝土 | m³ | 2.34 |
| | | 水泥 | kg | 12597.39 |
| | | 钢材 | kg | 5904.29～6520.71 |
| | | 木材 | m³ | 0.07 |
| | | 砂 | t | 5.93～6.20 |
| | | 钢管及钢配件 | kg | 350.00 |
| | | 其他材料 | 元 | 2628～2847 |
| | | 材料费小计 | 元 | 79645～86262 |
| | 机械费 | 机械费 | 元 | 20219～21899 |
| | | 其他机械 | 元 | 1019～1104 |
| | | 机械费小计 | 元 | 21238～23003 |
| | 小 计 | | 元 | 132741～143770 |
| | 综合费用 | | 元 | 33185～35943 |
| | 合 计 | | 元 | 165926～179713 |

| 序号 | 项　目 | | 单　位 | 指标编号 | 1Z－13 |
|---|---|---|---|---|---|
| | | | | 断面面积(m²)65～75 | |
| | | | | 5 舱 | |
| | 指标基价 | | 元 | 245054～260950 | |
| 一 | 建筑工程费用 | | 元 | 178167～190733 | |
| 二 | 安装工程费用 | | 元 | 6998 | |
| 三 | 管廊本体设备购置费 | | 元 | 8553 | |
| 四 | 工程建设其他费用 | | 元 | 29058～30943 | |
| 五 | 基本预备费 | | 元 | 22278～23723 | |
| 建筑安装工程费 | | | | | |
| 直接费 | 人工费 | 建筑工程人工 | 工日 | 239.55～255.80 | |
| | | 安装工程人工 | 工日 | 140.69～150.23 | |
| | | 人工费小计 | 元 | 35552～37964 | |
| | 材料费 | 商品混凝土 | m³ | 41.38～44.76 | |
| | | 水下商品混凝土 | m³ | 2.34 | |
| | | 水泥 | kg | 13278.33 | |
| | | 钢材 | kg | 6753.78～7304.15 | |
| | | 木材 | m³ | 0.07 | |
| | | 砂 | t | 6.56～6.80 | |
| | | 钢管及钢配件 | kg | 375.00 | |
| | | 其他材料 | 元 | 2933～3132 | |
| | | 材料费小计 | 元 | 88879～94911 | |
| | 机械费 | 机械费 | 元 | 22563～24095 | |
| | | 其他机械 | 元 | 1138～1215 | |
| | | 机械费小计 | 元 | 23701～25310 | |
| | 小　计 | | 元 | 148132～158185 | |
| | 综合费用 | | 元 | 37033～39546 | |
| | 合　计 | | 元 | 185165～197731 | |

| 指标编号 | | | 1Z－14 |
|---|---|---|---|
| 序号 | 项 目 | 单 位 | 断面面积(m²)75~85 |
| | | | 4舱 |
| | 指标基价 | 元 | 236368~300178 |
| 一 | 建筑工程费用 | 元 | 173873~224316 |
| 二 | 安装工程费用 | 元 | 5840 |
| 三 | 管廊本体设备购置费 | 元 | 7139 |
| 四 | 工程建设其他费用 | 元 | 28028~35594 |
| 五 | 基本预备费 | 元 | 21488~27289 |
| 建筑安装工程费 | | | |
| 直接费 | 人工费 | 建筑工程人工 | 工日 | 232.49~297.75 |
| | | 安装工程人工 | 工日 | 136.54~174.87 |
| | | 人工费小计 | 元 | 34505~44190 |
| | 材料费 | 商品混凝土 | m³ | 39.96~43.87 |
| | | 水下商品混凝土 | m³ | 2.34~23.02 |
| | | 水泥 | kg | 12597.39~22352.20 |
| | | 钢材 | kg | 6520.71~7159.14 |
| | | 木材 | m³ | 0.07 |
| | | 砂 | t | 6.20~6.48 |
| | | 钢管及钢配件 | kg | 350.00 |
| | | 其他材料 | 元 | 2847~3646 |
| | | 材料费小计 | 元 | 86262~110475 |
| | 机械费 | 机械费 | 元 | 21899~28046 |
| | | 其他机械 | 元 | 1104~1414 |
| | | 机械费小计 | 元 | 23003~29460 |
| | 小 计 | | 元 | 143770~184125 |
| 综合费用 | | | 元 | 35943~46031 |
| 合 计 | | | 元 | 179713~230156 |

单位：m

| 序号 | | 指标编号 | | 1Z－15 |
|---|---|---|---|---|
| | | 项　目 | 单　位 | 断面面积(m²)75~85 |
| | | | | 5 舱 |
| | | 指标基价 | 元 | 260950~325697 |
| 一 | | 建筑工程费用 | 元 | 190733~241917 |
| 二 | | 安装工程费用 | 元 | 6998 |
| 三 | | 管廊本体设备购置费 | 元 | 8553 |
| 四 | | 工程建设其他费用 | 元 | 30943~38620 |
| 五 | | 基本预备费 | 元 | 23723~29609 |
| 建筑安装工程费 | | | | |
| 直接费 | 人工费 | 建筑工程人工 | 工日 | 255.80~322.02 |
| | | 安装工程人工 | 工日 | 150.23~189.12 |
| | | 人工费小计 | 元 | 37964~47792 |
| | 材料费 | 商品混凝土 | m³ | 44.76~48.40 |
| | | 水下商品混凝土 | m³ | 2.34~24.12 |
| | | 水泥 | kg | 13278.33~22892.63 |
| | | 钢材 | kg | 7304.15~7898.55 |
| | | 木材 | m³ | 0.07 |
| | | 砂 | t | 6.80~7.06 |
| | | 钢管及钢配件 | kg | 375.00 |
| | | 其他材料 | 元 | 3132~3943 |
| | | 材料费小计 | 元 | 94911~119479 |
| | 机械费 | 机械费 | 元 | 24095~30332 |
| | | 其他机械 | 元 | 1215~1529 |
| | | 机械费小计 | 元 | 25310~31861 |
| | 小　计 | | 元 | 158185~199132 |
| | 综合费用 | | 元 | 39546~49783 |
| 合　计 | | | 元 | 197731~248915 |

| 序号 | 项　目 | 单　位 | 指　标　编　号 |
|---|---|---|---|
| | | | 1Z－16 |
| | | | 断面面积（m²）85～95 |
| | | | 5舱 |
| | 指标基价 | 元 | 325697～331938 |
| 一 | 建筑工程费用 | 元 | 241917～246851 |
| 二 | 安装工程费用 | 元 | 6998 |
| 三 | 管廊本体设备购置费 | 元 | 8553 |
| 四 | 工程建设其他费用 | 元 | 38620～39360 |
| 五 | 基本预备费 | 元 | 29609～30176 |
| 建筑安装工程费 | | | |
| 直接费 | 人工费 | 建筑工程人工 | 工日 | 322.02～328.40 |
| | | 安装工程人工 | 工日 | 189.12～192.87 |
| | | 人工费小计 | 元 | 47792～48739 |
| | 材料费 | 商品混凝土 | m³ | 48.40～49.40 |
| | | 水下商品混凝土 | m³ | 24.12～25.36 |
| | | 水泥 | kg | 22892.63 |
| | | 钢材 | kg | 7898.55～8061.27 |
| | | 木材 | m³ | 0.07～0.08 |
| | | 砂 | t | 7.01～7.06 |
| | | 钢管及钢配件 | kg | 375.00 |
| | | 其他材料 | 元 | 3943～4021 |
| | | 材料费小计 | 元 | 119479～121847 |
| | 机械费 | 机械费 | 元 | 30332～30933 |
| | | 其他机械 | 元 | 1529～1560 |
| | | 机械费小计 | 元 | 31861～32493 |
| | 小　计 | | 元 | 199132～203079 |
| | 综合费用 | | 元 | 49783～50770 |
| | 合　计 | | 元 | 248915～253849 |

| 序号 | 指标编号 | | | 1Z - 17 |
|---|---|---|---|---|
| | 项 目 | | 单 位 | 断面面积(m²)85~95 |
| | | | | 6 舱 |
| | 指标基价 | | 元 | 325697~360476 |
| 一 | 建筑工程费用 | | 元 | 241917~266861 |
| 二 | 安装工程费用 | | 元 | 6998~8145 |
| 三 | 管廊本体设备购置费 | | 元 | 8553~9955 |
| 四 | 工程建设其他费用 | | 元 | 38620~42744 |
| 五 | 基本预备费 | | 元 | 29609~32771 |
| 建筑安装工程费 | | | | |
| 直接费 | 人工费 | 建筑工程人工 | 工日 | 322.02~355.77 |
| | | 安装工程人工 | 工日 | 189.12~208.95 |
| | | 人工费小计 | 元 | 47792~52801 |
| | 材料费 | 商品混凝土 | m³ | 48.40~54.59 |
| | | 水下商品混凝土 | m³ | 24.12~26.46 |
| | | 水泥 | kg | 22892.63 |
| | | 钢材 | kg | 7898.55~8909.80 |
| | | 木材 | m³ | 0.07~0.08 |
| | | 砂 | t | 7.06~7.66 |
| | | 钢管及钢配件 | kg | 375.00~400.00 |
| | | 其他材料 | 元 | 3943~4356 |
| | | 材料费小计 | 元 | 119479~132003 |
| | 机械费 | 机械费 | 元 | 30332~33511 |
| | | 其他机械 | 元 | 1529~1690 |
| | | 机械费小计 | 元 | 31861~35201 |
| | 小 计 | | 元 | 199132~220005 |
| | 综合费用 | | 元 | 49783~55001 |
| | 合 计 | | 元 | 248915~275006 |

# 1.2 入廊电力管线

## 说　明

**1**　入廊电力管线是指在综合管廊中敷设电力电缆,主要包括 10kV 电力电缆、20kV 电力电缆、35kV 电力电缆、66kV 电力电缆、110kV 电力电缆、220kV 电力电缆。

**2**　综合指标包括:电力电缆敷设、电缆中间头制作安装、电缆终端头制作安装、电缆桥架安装、电缆接头支架安装、电缆接地装置安装、电缆常规试验等。但未包括:电缆支架、电缆防火设施、GIS 终端头的六氟化硫的收(充)气、冬季施工的电缆加温、夜间施工降效、绝热设施、隧道内抽水等。

**3**　电力电缆敷设以"元/m"为计量单位;电缆长度"m"是按电缆结构型式确定,即三相统包型为"m/三相",单芯电缆为"m/单相"。

**4**　其他说明:

(1)电力电缆均是按交联聚乙烯绝缘、铜芯电缆考虑的;

(2)电缆桥架是按在管廊中敷设一层玻璃钢桥架考虑的;

(3)电力电缆的固定方式是按常规形式测算的,如实际工程采用特殊固定方式,按价差另行计算;

(4)电缆接地装置安装是指接地箱、交叉互联箱、接地电缆和交叉互联电缆等。

单位:m

| 序号 | 指标编号 | | 单位 | 2Z-01 |
|---|---|---|---|---|
| | 项　目 | | | 10kV |
| | | | | $3 \times 120mm^2$ |
| | 指标基价 | | 元 | 829.75 |
| 一 | 建筑工程费用 | | 元 | |
| 二 | 安装工程费用 | | 元 | 655.93 |
| 三 | 设备购置费 | | 元 | |
| 四 | 工程建设其他费用 | | 元 | 98.39 |
| 五 | 基本预备费 | | 元 | 75.43 |
| 建筑安装工程费 | | | | |
| 直接费 | 人工费 | 安装工程人工 | 工日 | 0.2203 |
| | | 人工费小计 | 元 | 10.8 |
| | 材料费 | 电缆 | m | 1.01 |
| | | 电缆头支架 | kg | 0.43 |
| | | 电缆桥架 | m | 0.53 |
| | | 其他材料 | 元 | 20.52 |
| | | 材料费小计 | 元 | 477.01 |
| | 机械费 | 机械费 | 元 | 3.13 |
| | 小　计 | | 元 | 490.93 |
| 综合费用 | | | 元 | 165 |
| 合　计 | | | 元 | 655.93 |

単位：m

| 序号 | 项目 | | 单位 | 指标编号　2Z－02 |
|---|---|---|---|---|
| | | | | 10kV |
| | | | | $3\times240mm^2$ |
| | 指标基价 | | 元 | 1103.39 |
| 一 | 建筑工程费用 | | 元 | |
| 二 | 安装工程费用 | | 元 | 872.24 |
| 三 | 设备购置费 | | 元 | |
| 四 | 工程建设其他费用 | | 元 | 130.84 |
| 五 | 基本预备费 | | 元 | 100.31 |
| 建筑安装工程费 | | | | |
| 直接费 | 人工费 | 安装工程人工 | 工日 | 0.2572 |
| | | 人工费小计 | 元 | 12.51 |
| | 材料费 | 电缆 | m | 1.01 |
| | | 电缆头支架 | kg | 0.43 |
| | | 电缆桥架 | m | 0.53 |
| | | 其他材料 | 元 | 20.74 |
| | | 材料费小计 | 元 | 706.50 |
| | 机械费 | 机械费 | 元 | 4.18 |
| | 小　计 | | 元 | 723.19 |
| 综合费用 | | | 元 | 149.05 |
| 合　计 | | | 元 | 872.24 |

·20·

| 序号 | 项目 | | 单位 | 指标编号 | 2Z－03 |
|---|---|---|---|---|---|
| | | | | | 10kV |
| | | | | | $3 \times 300mm^2$ |
| | 指标基价 | | 元 | | 1275.95 |
| 一 | 建筑工程费用 | | 元 | | |
| 二 | 安装工程费用 | | 元 | | 1008.65 |
| 三 | 设备购置费 | | 元 | | |
| 四 | 工程建设其他费用 | | 元 | | 151.3 |
| 五 | 基本预备费 | | 元 | | 116 |

建筑安装工程费

| 直接费 | 人工费 | 安装工程人工 | 工日 | 0.2835 |
|---|---|---|---|---|
| | | 人工费小计 | 元 | 13.65 |
| | 材料费 | 电缆 | m | 1.01 |
| | | 电缆头支架 | kg | 0.43 |
| | | 电缆桥架 | m | 0.53 |
| | | 其他材料 | 元 | 20.75 |
| | | 材料费小计 | 元 | 851.95 |
| | 机械费 | 机械费 | 元 | 4.6 |
| | 小　计 | | 元 | 870.20 |
| 综合费用 | | | 元 | 138.45 |
| 合　计 | | | 元 | 1008.65 |

| 指 标 编 号 | | | 2Z－04 |
|---|---|---|---|
| 序号 | 项 目 | 单 位 | 10kV |
| | | | 3×400mm² |
| | 指标基价 | 元 | 1306.1 |
| 一 | 建筑工程费用 | 元 | |
| 二 | 安装工程费用 | 元 | 1032.49 |
| 三 | 设备购置费 | 元 | |
| 四 | 工程建设其他费用 | 元 | 154.87 |
| 五 | 基本预备费 | 元 | 118.74 |
| 建筑安装工程费 | | | |
| 直接费 | 人工费 | 安装工程人工 | 工日 | 0.2908 |
| | | 人工费小计 | 元 | 13.97 |
| | 材料费 | 电缆 | m | 1.01 |
| | | 电缆头支架 | kg | 0.43 |
| | | 电缆桥架 | m | 0.53 |
| | | 其他材料 | 元 | 20.76 |
| | | 材料费小计 | 元 | 887.31 |
| | 机械费 | 机械费 | 元 | 5.05 |
| | 小 计 | | 元 | 906.33 |
| 综合费用 | | 元 | 126.16 |
| 合 计 | | 元 | 1032.49 |

单位：m

| 序号 | 指标编号 | | 2Z－05 |
|---|---|---|---|
| | 项 目 | 单 位 | 20kV |
| | | | $3 \times 120mm^2$ |
| | 指标基价 | 元 | 886.08 |
| 一 | 建筑工程费用 | 元 | |
| 二 | 安装工程费用 | 元 | 700.46 |
| 三 | 设备购置费 | 元 | |
| 四 | 工程建设其他费用 | 元 | 105.07 |
| 五 | 基本预备费 | 元 | 80.55 |
| 建筑安装工程费 | | | |
| 直接费 | 人工费 | 安装工程人工 | 工日 | 0.2203 |
| | | 人工费小计 | 元 | 10.8 |
| | 材料费 | 电缆 | m | 1.01 |
| | | 电缆头支架 | kg | 0.43 |
| | | 电缆桥架 | m | 0.53 |
| | | 其他材料 | 元 | 20.52 |
| | | 材料费小计 | 元 | 510.34 |
| | 机械费 | 机械费 | 元 | 3.13 |
| | 小 计 | | 元 | 524.26 |
| | 综合费用 | | 元 | 176.2 |
| | 合 计 | | 元 | 700.46 |

·23·

| 指标编号 | | | 2Z-06 |
|---|---|---|---|
| 序号 | 项　目 | 单　位 | 20kV |
| | | | 3×300mm² |
| | 指标基价 | 元 | 1287.23 |
| 一 | 建筑工程费用 | 元 | |
| 二 | 安装工程费用 | 元 | 1017.57 |
| 三 | 设备购置费 | 元 | |
| 四 | 工程建设其他费用 | 元 | 152.64 |
| 五 | 基本预备费 | 元 | 117.02 |
| 建筑安装工程费 | | | |
| 直接费 | 人工费 | 安装工程人工 | 工日 | 0.2835 |
| | | 人工费小计 | 元 | 13.65 |
| | 材料费 | 电缆 | m | 1.01 |
| | | 电缆头支架 | kg | 0.43 |
| | | 电缆桥架 | m | 0.53 |
| | | 其他材料 | 元 | 20.75 |
| | | 材料费小计 | 元 | 861.04 |
| | 机械费 | 机械费 | 元 | 3.13 |
| | 小　计 | | 元 | 877.82 |
| 综合费用 | | 元 | 139.75 |
| 合　计 | | 元 | 1017.57 |

| 指标编号 | | | 2Z－07 | |
|---|---|---|---|---|
| 序号 | 项 目 | 单 位 | 35kV | |
| | | | 1×630mm² | |
| | 指标基价 | 元 | 652.01 | |
| 一 | 建筑工程费用 | 元 | | |
| 二 | 安装工程费用 | 元 | 573.05 | |
| 三 | 设备购置费 | 元 | | |
| 四 | 工程建设其他费用 | 元 | 19.69 | |
| 五 | 基本预备费 | 元 | 59.27 | |
| 建筑安装工程费 | | | | |
| 直接费 | 人工费 | 安装工程人工 | 工日 | 0.1636 |
| | | 人工费小计 | 元 | 7.97 |
| | 材料费 | 电缆 | m | 1 |
| | | 电缆头 | 套 | 0.004 |
| | | 电缆头支架 | kg | 0.21 |
| | | 电缆桥架 | m | 0.18 |
| | | 其他材料 | 元 | 35.06 |
| | | 材料费小计 | 元 | 510.00 |
| | 机械费 | 机械费 | 元 | 22.91 |
| | 小　　计 | | 元 | 540.88 |
| 综合费用 | | | 元 | 32.17 |
| 合　　计 | | | 元 | 573.05 |

| 序号 | | | 指 标 编 号 | | 2Z－08 |
|---|---|---|---|---|---|
| | | 项 目 | | 单 位 | 35kV |
| | | | | | $3 \times 300mm^2$ |
| | | 指标基价 | | 元 | 1406.21 |
| 一 | | 建筑工程费用 | | 元 | |
| 二 | | 安装工程费用 | | 元 | 1211.71 |
| 三 | | 设备购置费 | | 元 | |
| 四 | | 工程建设其他费用 | | 元 | 66.66 |
| 五 | | 基本预备费 | | 元 | 127.84 |
| 建筑安装工程费 | | | | | |
| 直接费 | 人工费 | 安装工程人工 | | 工日 | 0.2476 |
| | | 人工费小计 | | 元 | 12.45 |
| | 材料费 | 电缆 | | m | 1 |
| | | 电缆头支架 | | kg | 0.43 |
| | | 电缆桥架 | | m | 0.53 |
| | | 其他材料 | | | 131.46 |
| | | 材料费小计 | | 元 | 995.66 |
| | 机械费 | 机械费 | | 元 | 74.37 |
| | | 小 计 | | 元 | 1082.48 |
| | 综合费用 | | | 元 | 129.23 |
| | 合 计 | | | 元 | 1211.71 |

| 指 标 编 号 | | | 2Z－09 |
|---|---|---|---|
| 序号 | 项 目 | 单 位 | 35kV |
| | | | $3 \times 400mm^2$ |
| | 指标基价 | 元 | 1429.69 |
| 一 | 建筑工程费用 | 元 | |
| 二 | 安装工程费用 | 元 | 1232.84 |
| 三 | 设备购置费 | 元 | |
| 四 | 工程建设其他费用 | 元 | 66.88 |
| 五 | 基本预备费 | 元 | 129.97 |
| 建筑安装工程费 | | | |
| 直接费 | 人工费 | 安装工程人工 | 工日 | 0.2476 |
| | | 人工费小计 | 元 | 12.45 |
| | 材料费 | 电缆<br>电缆头支架<br>电缆桥架<br>其他材料 | m<br>kg<br>m<br>元 | 1<br>0.43<br>0.53<br>131.46 |
| | | 材料费小计 | 元 | 1016.38 |
| | 机械费 | 机械费 | 元 | 74.37 |
| | 小 计 | | 元 | 1103.20 |
| | 综合费用 | | 元 | 129.64 |
| | 合 计 | | 元 | 1232.84 |

| 序号 | 项 目 | 单 位 | 指 标 编 号 | 2Z－10 |
|---|---|---|---|---|
| | | | 66kV | |
| | | | $1 \times 1000mm^2$ | |
| | 指标基价 | 元 | | 1461.89 |
| 一 | 建筑工程费用 | 元 | | |
| 二 | 安装工程费用 | 元 | | 1268.47 |
| 三 | 设备购置费 | 元 | | |
| 四 | 工程建设其他费用 | 元 | | 60.52 |
| 五 | 基本预备费 | 元 | | 132.9 |
| 建筑安装工程费 | | | | |
| 直接费 | 人工费 | 安装工程人工 | 工日 | 0.2287 |
| | | 人工费小计 | 元 | 11.33 |
| | 材料费 | 电缆 | m | 1 |
| | | 电缆头 | 套 | 0.006 |
| | | 电缆头支架 | kg | 0.294 |
| | | 电缆桥架 | m | 0.180 |
| | | 电缆固定材料(金具等) | 套 | 0.203 |
| | | 其他材料 | 元 | 146.38 |
| | | 材料费小计 | 元 | 1103.69 |
| | 机械费 | 机械费 | 元 | 30.81 |
| | 小 计 | | 元 | 1145.84 |
| 综合费用 | | | 元 | 122.63 |
| 合 计 | | | 元 | 1268.47 |

| 指 标 编 号 | | | 2Z－11 |
|---|---|---|---|
| 序号 | 项　目 | 单　位 | 110kV |
| | | | $1 \times 800\text{mm}^2$ |
| | 指标基价 | 元 | 1356.25 |
| 一 | 建筑工程费用 | 元 | |
| 二 | 安装工程费用 | 元 | 1177.89 |
| 三 | 设备购置费 | 元 | |
| 四 | 工程建设其他费用 | 元 | 55.06 |
| 五 | 基本预备费 | 元 | 123.3 |
| 建筑安装工程费 | | | |
| 直接费 | 人工费 | 安装工程人工 | 工日 | 0.1875 |
| | | 人工费小计 | 元 | 9.34 |
| | 材料费 | 电缆 | m | 1 |
| | | 电缆头 | 套 | 0.006 |
| | | 电缆头支架 | kg | 0.21 |
| | | 电缆桥架 | m | 0.180 |
| | | 电缆固定材料(金具等) | 套 | 0.203 |
| | | 其他材料 | 元 | 116.13 |
| | | 材料费小计 | 元 | 1024.88 |
| | 机械费 | 机械费 | 元 | 28.55 |
| | 小　计 | | 元 | 1062.77 |
| 综合费用 | | 元 | 115.12 |
| 合　计 | | 元 | 1177.89 |

単位：m

| 指标编号 | | | | 2Z－12 |
|---|---|---|---|---|
| 序号 | 项　目 | | 单　位 | 110kV |
| | | | | $1 \times 1000mm^2$ |
| | 指标基价 | | 元 | 1556.27 |
| 一 | 建筑工程费用 | | 元 | |
| 二 | 安装工程费用 | | 元 | 1354.27 |
| 三 | 设备购置费 | | 元 | |
| 四 | 工程建设其他费用 | | 元 | 60.52 |
| 五 | 基本预备费 | | 元 | 141.48 |
| 建筑安装工程费 | | | | |
| 直接费 | 人工费 | 安装工程人工 | 工日 | 0.2287 |
| | | 人工费小计 | 元 | 11.33 |
| | 材料费 | 电缆 | m | 1 |
| | | 电缆头 | 套 | 0.006 |
| | | 电缆头支架 | kg | 0.29 |
| | | 电缆桥架 | m | 0.180 |
| | | 电缆固定材料(金具等) | 套 | 0.203 |
| | | 其他材料 | 元 | 146.38 |
| | | 材料费小计 | 元 | 1189.49 |
| | 机械费 | 机械费 | 元 | 30.81 |
| | 小　计 | | 元 | 1231.64 |
| | 综合费用 | | 元 | 122.63 |
| | 合　计 | | 元 | 1354.27 |

| 序号 | 指标 编 号 | | 单 位 | 2Z－13 |
|---|---|---|---|---|
| | 项 目 | | | 110kV |
| | | | | 1×1200mm² |
| | 指标基价 | | 元 | 1651.33 |
| 一 | 建筑工程费用 | | 元 | |
| 二 | 安装工程费用 | | 元 | 1439.98 |
| 三 | 设备购置费 | | 元 | |
| 四 | 工程建设其他费用 | | 元 | 61.23 |
| 五 | 基本预备费 | | 元 | 150.12 |
| 建筑安装工程费 | | | | |
| 直接费 | 人工费 | 安装工程人工 | 工日 | 0.2287 |
| | | 人工费小计 | 元 | 11.33 |
| | 材料费 | 电缆 | m | 1 |
| | | 电缆头 | 套 | 0.006 |
| | | 电缆头支架 | kg | 0.29 |
| | | 电缆桥架 | m | 0.180 |
| | | 电缆固定材料(金具等) | 套 | 0.203 |
| | | 其他材料 | 元 | 146.38 |
| | | 材料费小计 | 元 | 1270.49 |
| | 机械费 | 机械费 | 元 | 30.81 |
| | 小 计 | | 元 | 1312.64 |
| | 综合费用 | | 元 | 127.34 |
| | 合 计 | | 元 | 1439.98 |

| 指标编号 | | | 2Z－14 |
|---|---|---|---|
| 序号 | 项 目 | 单 位 | 220kV |
| | | | $1 \times 1000mm^2$ |
| | 指标基价 | 元 | 2212.34 |
| 一 | 建筑工程费用 | 元 | |
| 二 | 安装工程费用 | 元 | 1932.8 |
| 三 | 设备购置费 | 元 | |
| 四 | 工程建设其他费用 | 元 | 78.42 |
| 五 | 基本预备费 | 元 | 201.12 |
| 建筑安装工程费 | | | |
| 直接费 | 人工费 | 安装工程人工 | 工日 | 0.2554 |
| | | 人工费小计 | 元 | 12.33 |
| | 材料费 | 电缆 | m | 1 |
| | | 电缆头 | 套 | 0.006 |
| | | 电缆头支架 | kg | 0.29 |
| | | 电缆桥架 | m | 0.180 |
| | | 电缆固定材料(金具等) | 套 | 0.203 |
| | | 其他材料 | 元 | 149.00 |
| | | 材料费小计 | 元 | 1764.99 |
| | 机械费 | 机械费 | 元 | 34.83 |
| | 小 计 | | 元 | 1812.15 |
| | 综合费用 | | 元 | 120.65 |
| | 合 计 | | 元 | 1932.8 |

| 序号 | 指 标 编 号 | | 单 位 | 2Z－15 |
|---|---|---|---|---|
| | 项 目 | | | 220kV |
| | | | | $1 \times 1200\text{mm}^2$ |
| | 指标基价 | | 元 | 2467.82 |
| 一 | 建筑工程费用 | | 元 | |
| 二 | 安装工程费用 | | 元 | 2163.84 |
| 三 | 设备购置费 | | 元 | |
| 四 | 工程建设其他费用 | | 元 | 79.63 |
| 五 | 基本预备费 | | 元 | 224.35 |
| 建筑安装工程费 | | | | |
| 直接费 | 人工费 | 安装工程人工 | 工日 | 0.2554 |
| | | 人工费小计 | 元 | 12.33 |
| | 材料费 | 电缆 | m | 1 |
| | | 电缆头 | 套 | 0.006 |
| | | 电缆头支架 | kg | 0.29 |
| | | 电缆桥架 | m | 0.180 |
| | | 电缆固定材料(金具等) | 套 | 0.203 |
| | | 其他材料 | 元 | 149.00 |
| | | 材料费小计 | 元 | 1987.99 |
| | 机械费 | 机械费 | 元 | 34.83 |
| | 小 计 | | 元 | 2035.15 |
| 综合费用 | | | 元 | 128.69 |
| 合 计 | | | 元 | 2163.84 |

| 指 标 编 号 | | | 2Z－16 |
|---|---|---|---|
| 序号 | 项 目 | 单 位 | 220kV |
| | | | $1 \times 1600\text{mm}^2$ |
| | 指标基价 | 元 | 3009.63 |
| 一 | 建筑工程费用 | 元 | |
| 二 | 安装工程费用 | 元 | 2634.81 |
| 三 | 设备购置费 | 元 | |
| 四 | 工程建设其他费用 | 元 | 101.22 |
| 五 | 基本预备费 | 元 | 273.6 |
| 建筑安装工程费 | | | |
| 直接费 | 人工费 | 安装工程人工 | 工日 | 0.3116 |
| | | 人工费小计 | 元 | 15.06 |
| | 材料费 | 电缆 | m | 1 |
| | | 电缆头 | 套 | 0.006 |
| | | 电缆头支架 | kg | 0.29 |
| | | 电缆桥架 | m | 0.180 |
| | | 电缆固定材料(金具等) | 套 | 0.203 |
| | | 其他材料 | 元 | 249.75 |
| | | 材料费小计 | 元 | 2415.74 |
| | 机械费 | 机械费 | 元 | 40.42 |
| | 小 计 | | 元 | 2471.22 |
| 综合费用 | | | 元 | 163.59 |
| 合 计 | | | 元 | 2634.81 |

| 序号 | 项 目 | | 单 位 | 指 标 编 号 | 2Z－17 |
|------|------|------|------|------|------|
| | | | | | 220kV |
| | | | | | $1 \times 2500 mm^2$ |
| | 指标基价 | | 元 | | 4065.5 |
| 一 | 建筑工程费用 | | 元 | | |
| 二 | 安装工程费用 | | 元 | | 3535.49 |
| 三 | 设备购置费 | | 元 | | |
| 四 | 工程建设其他费用 | | 元 | | 160.42 |
| 五 | 基本预备费 | | 元 | | 369.59 |
| 建筑安装工程费 | | | | | |
| 直接费 | 人工费 | 安装工程人工 | 工日 | | 0.4315 |
| | | 人工费小计 | 元 | | 20.76 |
| | 材料费 | 电缆 | m | | 1 |
| | | 电缆头 | 套 | | 0.007 |
| | | 电缆头支架 | kg | | 0.50 |
| | | 电缆桥架 | m | | 0.180 |
| | | 电缆固定材料(金具等) | 套 | | 0.209 |
| | | 其他材料 | 元 | | 510.66 |
| | | 材料费小计 | 元 | | 3209.39 |
| | 机械费 | 机械费 | 元 | | 46.07 |
| | 小 计 | | 元 | | 3276.22 |
| 综合费用 | | | 元 | | 259.27 |
| 合 计 | | | 元 | | 3535.49 |

# 1.3 入廊通信管线

## 说 明

**1** 入廊通信管线包括在综合管廊中敷设48芯光缆、96芯光缆、144芯光缆、288芯光缆、100对对绞电缆、200对对绞电缆。

**2** 综合指标包含：敷设光(电)缆、光(电)缆接续、光(电)缆中继段测试等。但未包含：安装光(电)缆承托铁架、托板、余缆架、标志牌、管廊吊装口外地面交通管制协调、其他同廊管线的安全看护等。

**3** 综合指标是按照常规条件下，采用在支架上人工明布光(电)缆方式取定的。测算模型中光缆按2km一个接头(电缆1km一个接头)计取，临时设施距离按35km计取。

**4** 指标计算时已考虑敷设光(电)缆工程量 = (1 + 自然弯曲系数) × 路由长度 + 各种设计预留。

**5** 工程建设其他费仅含建设单位管理费、设计费、监理费、安全生产费，费率按工程费的10.8%计取。预备费按建筑安装工程费、设备购置费和工程建设其他费的4%计取。

**6** 工程量计算规则：

工程造价指标应按敷设光(电)缆的路由长度计算。

单位：km

| 序号 | 指标编号 | | | 3Z-01 |
|---|---|---|---|---|
| | 项 目 | | 单 位 | 48芯光缆敷设 |
| | 指标基价 | | 元 | 12424.51 |
| 一 | 建筑工程费用 | | 元 | |
| 二 | 安装工程费用 | | 元 | 10782.17 |
| 三 | 设备购置费 | | 元 | |
| 四 | 工程建设其他费用 | | 元 | 1164.47 |
| 五 | 基本预备费 | | 元 | 477.87 |
| 建筑安装工程费 | | | | |
| 直接费 | 人工费 | 安装工程人工 | 工日 | 47.82 |
| | | 人工费小计 | 元 | 1568.91 |
| | 材料费 | 光缆<br>光缆接续器材<br>其他材料 | m<br>套<br>元 | 1036.00<br>0.51<br>243.27 |
| | | 材料费小计 | 元 | 6610.77 |
| | 机械、仪表费 | 机械费 | 元 | 100.80 |
| | | 仪表费 | 元 | 332.40 |
| | | 机械、仪表费小计 | 元 | 433.20 |
| | 小 计 | | 元 | 8612.88 |
| | 综合费用 | | 元 | 2169.29 |
| | 合 计 | | 元 | 10782.17 |

单位:km

| 序号 | 指 标 编 号 | | 3Z－02 |
|---|---|---|---|
| | 项 目 | 单 位 | 96 芯光缆敷设 |
| | 指标基价 | 元 | 20213.58 |
| 一 | 建筑工程费用 | 元 | |
| 二 | 安装工程费用 | 元 | 17541.63 |
| 三 | 设备购置费 | 元 | |
| 四 | 工程建设其他费用 | 元 | 1894.50 |
| 五 | 基本预备费 | 元 | 777.45 |
| 建筑安装工程费 | | | |
| 直接费 | 人工费 | 安装工程人工 | 工日 | 62.22 |

建筑安装工程费

| 直接费 | 人工费 | 安装工程人工 | 工日 | 62.22 |
|---|---|---|---|---|
| | | 人工费小计 | 元 | 2046.09 |
| | 材料费 | 光缆 | m | 1036.00 |
| | | 光缆接续器材 | 套 | 0.51 |
| | | 其他材料 | 元 | 441.18 |
| | | 材料费小计 | 元 | 11988.68 |
| | 机械、仪表费 | 机械费 | 元 | 168.00 |
| | | 仪表费 | 元 | 506.06 |
| | | 机械、仪表费小计 | 元 | 674.06 |
| | 小 计 | | 元 | 14708.83 |
| 综合费用 | | | 元 | 2832.80 |
| 合 计 | | | 元 | 17541.63 |

· 37 ·

| 序号 | 指标编号 | | | 3Z-03 |
|---|---|---|---|---|
| | 项 目 | | 单 位 | 144芯光缆敷设 |
| | 指标基价 | | 元 | 27028.24 |
| 一 | 建筑工程费用 | | 元 | |
| 二 | 安装工程费用 | | 元 | 23455.50 |
| 三 | 设备购置费 | | 元 | |
| 四 | 工程建设其他费用 | | 元 | 2533.19 |
| 五 | 基本预备费 | | 元 | 1039.55 |
| 建筑安装工程费 | | | | |
| 直接费 | 人工费 | 安装工程人工 | 工日 | 68.19 |
| | | 人工费小计 | 元 | 2238.69 |
| | 材料费 | 光缆 | m | 1036.00 |
| | | 光缆接续器材 | 套 | 0.51 |
| | | 其他材料 | 元 | 639.08 |
| | | 材料费小计 | 元 | 17366.58 |
| | 机械、仪表费 | 机械费 | 元 | 184.80 |
| | | 仪表费 | 元 | 565.54 |
| | | 机械、仪表费小计 | 元 | 750.34 |
| | 小 计 | | 元 | 20355.61 |
| | 综合费用 | | 元 | 3099.89 |
| | 合 计 | | 元 | 23455.50 |

| 序号 | 指 标 编 号 | | | 3Z－04 |
|------|------|------|------|------|
| | 项　目 | 单　位 | | 288 芯光缆敷设 |
| | 指标基价 | 元 | | 43748.46 |
| 一 | 建筑工程费用 | 元 | | |
| 二 | 安装工程费用 | 元 | | 37965.55 |
| 三 | 设备购置费 | 元 | | |
| 四 | 工程建设其他费用 | 元 | | 4100.28 |
| 五 | 基本预备费 | 元 | | 1682.63 |
| 建筑安装工程费 | | | | |
| 直接费 | 人工费 | 安装工程人工 | 工日 | 86.79 |
| | | 人工费小计 | 元 | 2821.19 |
| | 材料费 | 光缆<br>光缆接续器材<br>其他材料 | m<br>套<br>元 | 1036.00<br>0.51<br>1114.05 |
| | | 材料费小计 | 元 | 30273.55 |
| | 机械、仪表费 | 机械费 | 元 | 218.40 |
| | | 仪表费 | 元 | 745.32 |
| | | 机械、仪表费小计 | 元 | 963.72 |
| | 小　计 | | 元 | 34058.46 |
| | 综合费用 | | 元 | 3907.09 |
| | 合　计 | | 元 | 37965.55 |

| 序号 | 指 标 编 号 | | | 3Z－05 |
|---|---|---|---|---|
| | 项 目 | 单 位 | | 100 对电缆敷设 |
| | 指标基价 | 元 | | 25887.64 |
| 一 | 建筑工程费用 | 元 | | |
| 二 | 安装工程费用 | 元 | | 22465.67 |
| 三 | 设备购置费 | 元 | | |
| 四 | 工程建设其他费用 | 元 | | 2426.29 |
| 五 | 基本预备费 | 元 | | 995.68 |
| 建筑安装工程费 | | | | |
| 直接费 | 人工费 | 安装工程人工 | 工日 | 34.42 |
| | | 人工费小计 | 元 | 1175.69 |
| | 材料费 | 电缆<br>电缆接续器材<br>其他材料 | m<br>套<br>元 | 1036<br>1.01<br>979.58 |
| | | 材料费小计 | 元 | 19675.45 |
| | 机械、仪表费 | 机械费 | 元 | |
| | | 仪表费 | 元 | |
| | | 机械、仪表费小计 | 元 | |
| | 小 计 | | 元 | 20851.14 |
| | 综合费用 | | 元 | 1614.53 |
| | 合 计 | | 元 | 22465.67 |

| 序号 | 指标编号 | | | 3Z-06 |
|---|---|---|---|---|
| | 项目 | 单位 | | 200对电缆敷设 |
| | 指标基价 | 元 | | 46384.20 |
| 一 | 建筑工程费用 | 元 | | |
| 二 | 安装工程费用 | 元 | | 40252.88 |
| 三 | 设备购置费 | 元 | | |
| 四 | 工程建设其他费用 | 元 | | 4347.31 |
| 五 | 基本预备费 | 元 | | 1784.01 |
| 建筑安装工程费 | | | | |
| 直接费 | 人工费 | 安装工程人工 | 工日 | 37.45 |
| | | 人工费小计 | 元 | 1321.13 |
| | 材料费 | 电缆 | m | 1036 |
| | | 电缆接续器材 | 套 | 1.01 |
| | | 其他材料 | 元 | 1845.64 |
| | | 材料费小计 | 元 | 37117.50 |
| | 机械、仪表费 | 机械费 | 元 | |
| | | 仪表费 | 元 | |
| | | 机械、仪表费小计 | 元 | |
| | 小计 | | 元 | 38438.63 |
| | 综合费用 | | 元 | 1814.25 |
| | 合计 | | 元 | 40252.88 |

# 1.4 入廊燃气管线

## 说　明

**1** 入廊燃气管线适用于城市综合管廊工程中工作压力小于1.6MPa的城镇天然气管网工程。

**2** 入廊燃气管线综合指标包括:钢管及管件安装、管道吹扫、强度试验、严密性试验、探伤、滑动支架制作安装和燃气可燃气体报警系统安装等。

**3** 入廊燃气管线应采用无缝钢管,钢管的连接形式主要为焊接。如实际管材规格、价格与指标不同时,可按设计进行调整和换算。

**4** 入廊燃气管线防腐为加强级三层PE(聚乙烯胶带)防腐材料,采用集中防腐与现场补口的制作方法。如实际防腐形式与指标不同时,可按设计进行调整和换算。

**5** 入廊燃气管线综合考虑了管件、阀门、滑动支架等工程量。如实际数量与指标不同时,可按设计进行调整和换算。

**6** 入廊燃气管线指标包含了可燃气体报警系统,但不包括监控系统的投资。

**7** 入廊燃气管线指标不包含防火墙及防火门的投资。

单位:m

| 序号 | 指标编号 | | 单　位 | 4Z-01 |
|---|---|---|---|---|
| | 项　目 | | | 管径 |
| | | | | *DN*200 |
| | 指标基价 | | 元 | 1603 |
| 一 | 建筑工程费用 | | 元 | |
| 二 | 安装工程费用 | | 元 | 982 |
| 三 | 设备购置费 | | 元 | 285 |
| 四 | 工程建设其他费用 | | 元 | 190 |
| 五 | 基本预备费 | | 元 | 146 |
| 建筑安装工程费 | | | | |
| 直接费 | 人工费 | 安装工程人工 | 工日 | 2.127 |
| | | 人工费小计 | 元 | 187 |
| | 材料费 | 防腐钢管 | m | 1.014 |
| | | 镀锌钢管20 | m | 2.06 |
| | | 其他材料费 | 元 | 214.28 |
| | | 材料费小计 | 元 | 520 |
| | 机械费 | 机械费 | 元 | 29.61 |
| | | 其他机具费 | 元 | 10.02 |
| | | 机械费小计 | 元 | 40 |
| 小　计 | | | 元 | 747 |
| 综合费用 | | | 元 | 235 |
| 合　计 | | | 元 | 982 |

| 序号 | | 项　目 | 单　位 | 指　标　编　号 |
|---|---|---|---|---|
| | | | | 4Z－02 |
| | | | | 管径 |
| | | | | *DN*300 |
| | | 指标基价 | 元 | 2027 |
| 一 | | 建筑工程费用 | 元 | |
| 二 | | 安装工程费用 | 元 | 1318 |
| 三 | | 设备购置费 | 元 | 285 |
| 四 | | 工程建设其他费用 | 元 | 240 |
| 五 | | 基本预备费 | 元 | 184 |
| 建筑安装工程费 | | | | |
| 直接费 | 人工费 | 安装工程人工 | 工日 | 2.462 |
| | | 人工费小计 | 元 | 217 |
| | 材料费 | 防腐钢管<br>镀锌钢管20<br>其他材料费 | m<br>m<br>元 | 1.013<br>2.06<br>270.05 |
| | | 材料费小计 | 元 | 755 |
| | 机械费 | 机械费 | 元 | 41.32 |
| | | 其他机具费 | 元 | 12.09 |
| | | 机械费小计 | 元 | 53 |
| | 小　计 | | 元 | 1025 |
| 综合费用 | | | 元 | 293 |
| 合　计 | | | 元 | 1318 |

| 指标编号 | | | | 4Z-03 |
|---|---|---|---|---|
| 序号 | 项目 | | 单位 | 管径 |
| | | | | DN400 |
| | 指标基价 | | 元 | 2364 |
| 一 | 建筑工程费用 | | 元 | |
| 二 | 安装工程费用 | | 元 | 1584 |
| 三 | 设备购置费 | | 元 | 285 |
| 四 | 工程建设其他费用 | | 元 | 280 |
| 五 | 基本预备费 | | 元 | 215 |
| 建筑安装工程费 | | | | |
| 直接费 | 人工费 | 安装工程人工 | 工日 | 2.771 |
| | | 人工费小计 | 元 | 244 |
| | 材料费 | 防腐钢管 | m | 1.012 |
| | | 镀锌钢管20 | m | 2.06 |
| | | 其他材料费 | 元 | 328.87 |
| | | 材料费小计 | 元 | 934 |
| | 机械费 | 机械费 | 元 | 52.36 |
| | | 其他机具费 | 元 | 13.95 |
| | | 机械费小计 | 元 | 66 |
| | 小　计 | | 元 | 1244 |
| 综合费用 | | | 元 | 340 |
| 合　计 | | | 元 | 1584 |

| 序号 | 项 目 | | 单 位 | 指标编号 | 4Z－04 |
|---|---|---|---|---|---|
| | | | | 管径 | |
| | | | | | DN500 |
| | 指标基价 | | 元 | | 2792 |
| 一 | 建筑工程费用 | | 元 | | |
| 二 | 安装工程费用 | | 元 | | 1922 |
| 三 | 设备购置费 | | 元 | | 285 |
| 四 | 工程建设其他费用 | | 元 | | 331 |
| 五 | 基本预备费 | | 元 | | 254 |
| | 建筑安装工程费 | | | | |
| 直接费 | 人工费 | 安装工程人工 | 工日 | | 3.137 |
| | | 人工费小计 | 元 | | 276 |
| | 材料费 | 防腐钢管 | m | | 1.011 |
| | | 镀锌钢管20 | m | | 2.06 |
| | | 其他材料费 | 元 | | 407.65 |
| | | 材料费小计 | 元 | | 1168 |
| | 机械费 | 机械费 | 元 | | 62.90 |
| | | 其他机具费 | 元 | | 16.17 |
| | | 机械费小计 | 元 | | 79 |
| | 小 计 | | 元 | | 1523 |
| | 综合费用 | | 元 | | 399 |
| | 合 计 | | 元 | | 1922 |

# 1.5 入廊热力管线

## 说　明

**1**　入廊热力管线适用于供热输送介质为热水的城镇热网工程。

**2**　入廊热力管线综合指标包括:预制保温管及管件安装、接头保温、补偿器安装、管道支架制作安装、探伤、管道水压试验及水冲洗、预警系统等。

**3**　入廊热力管线采用预制保温管,工作管为钢管,连接形式为焊接,保温材料为聚氨酯,外护管为高密度聚乙烯管。如实际管材规格、价格与指标不同时,可按设计进行调整和换算。

**4**　补偿器和阀门数量按照理论设计计算确定,选用外压轴向型波纹管补偿器和焊接蝶阀。如实际数量、价格与指标不同时,可按设计进行调整和换算。

**5**　入廊热力管线指标考虑了 EMS 预警系统。

**6**　入廊热力管线指标综合考虑了滑动支架、导向支架、固定支架等的工程量。

单位:m

| 序号 | 指标编号 | | | 5Z-01 |
|---|---|---|---|---|
| | 项　目 | | 单　位 | 管径 |
| | | | | DN400 |
| | 指标基价 | | 元 | 6412 |
| 一 | 建筑工程费用 | | 元 | |
| 二 | 安装工程费用 | | 元 | 5069 |
| 三 | 设备购置费 | | 元 | |
| 四 | 工程建设其他费用 | | 元 | 760 |
| 五 | 基本预备费 | | 元 | 583 |
| 建筑安装工程费 | | | | |
| 直接费 | 人工费 | 安装工程人工 | 工日 | 3.426 |
| | | 人工费小计 | 元 | 302 |
| | 材料费 | 预制保温管 | m | 2.024 |
| | | 波纹管补偿器 | 个 | 0.015 |
| | | 焊接阀门 | 个 | 0.0015 |
| | | 型钢 | kg | 16.453 |
| | | 普通钢板 $\delta=8\sim15$ | kg | 15.770 |
| | | 其他材料费 | 元 | 542.31 |
| | | 材料费小计 | 元 | 3807 |
| | 机械费 | 机械费 | 元 | 85.49 |
| | | 其他机具费 | 元 | 24.69 |
| | | 机械费小计 | 元 | 110 |
| | 小　计 | | 元 | 4219 |
| | 综合费用 | | 元 | 850 |
| | 合　计 | | 元 | 5069 |

| 序号 | | 项 目 | 单 位 | 指 标 编 号 | 5Z – 02 |
|---|---|---|---|---|---|
| | | | | 管径 | |
| | | | | | DN450 |
| | | 指标基价 | 元 | | 7058 |
| 一 | | 建筑工程费用 | 元 | | |
| 二 | | 安装工程费用 | 元 | | 5579 |
| 三 | | 设备购置费 | 元 | | |
| 四 | | 工程建设其他费用 | 元 | | 837 |
| 五 | | 基本预备费 | 元 | | 642 |
| 建筑安装工程费 | | | | | |
| 直接费 | 人工费 | 安装工程人工 | 工日 | | 3.796 |
| | | 人工费小计 | 元 | | 334 |
| | 材料费 | 预制保温管 | m | | 2.024 |
| | | 波纹管补偿器 | 个 | | 0.015 |
| | | 焊接阀门 | 个 | | 0.0015 |
| | | 型钢 | kg | | 18.398 |
| | | 普通钢板 $\delta = 8 \sim 15$ | kg | | 17.570 |
| | | 其他材料费 | 元 | | 604.82 |
| | | 材料费小计 | 元 | | 4178 |
| | 机械费 | 机械费 | 元 | | 102.73 |
| | | 其他机具费 | 元 | | 27.37 |
| | | 机械费小计 | 元 | | 130 |
| | | 小 计 | 元 | | 4643 |
| | | 综合费用 | 元 | | 936 |
| | | 合 计 | 元 | | 5579 |

| 指 标 编 号 | | | | 5Z – 03 |
|---|---|---|---|---|
| 序号 | 项 目 | | 单 位 | 管径 |
| | | | | DN500 |
| | 指标基价 | | 元 | 7801 |
| 一 | 建筑工程费用 | | 元 | |
| 二 | 安装工程费用 | | 元 | 6167 |
| 三 | 设备购置费 | | 元 | |
| 四 | 工程建设其他费用 | | 元 | 925 |
| 五 | 基本预备费 | | 元 | 709 |
| 建筑安装工程费 | | | | |
| 直接费 | 人工费 | 安装工程人工 | 工日 | 4.225 |
| | | 人工费小计 | 元 | 372 |
| | 材料费 | 预制保温管 | m | 2.022 |
| | | 波纹管补偿器 | 个 | 0.015 |
| | | 焊接阀门 | 个 | 0.0015 |
| | | 型钢 | kg | 20.743 |
| | | 普通钢板 $\delta = 8 \sim 15$ | kg | 20.675 |
| | | 其他材料费 | 元 | 674.47 |
| | | 材料费小计 | 元 | 4620 |
| | 机械费 | 机械费 | 元 | 108.97 |
| | | 其他机具费 | 元 | 30.39 |
| | | 机械费小计 | 元 | 139 |
| | 小 计 | | 元 | 5131 |
| | 综合费用 | | 元 | 1036 |
| | 合 计 | | 元 | 6167 |

| 序号 | 指标编号 | | | 5Z－04 |
|---|---|---|---|---|
| | 项 目 | | 单 位 | 管径 |
| | | | | DN600 |
| | 指标基价 | | 元 | 9901 |
| 一 | 建筑工程费用 | | 元 | |
| 二 | 安装工程费用 | | 元 | 7827 |
| 三 | 设备购置费 | | 元 | |
| 四 | 工程建设其他费用 | | 元 | 1174 |
| 五 | 基本预备费 | | 元 | 900 |
| 建筑安装工程费 | | | | |
| 直接费 | 人工费 | 安装工程人工 | 工日 | 4.967 |
| | | 人工费小计 | 元 | 437 |
| | 材料费 | 预制保温管 | m | 2.022 |
| | | 波纹管补偿器 | 个 | 0.013 |
| | | 焊接阀门 | 个 | 0.0015 |
| | | 型钢 | kg | 23.216 |
| | | 普通钢板 δ＝8～15 | kg | 24.080 |
| | | 其他材料费 | 元 | 867.64 |
| | | 材料费小计 | 元 | 5912 |
| | 机械费 | 机械费 | 元 | 132.45 |
| | | 其他机具费 | 元 | 37.22 |
| | | 机械费小计 | 元 | 170 |
| | 小 计 | | 元 | 6519 |
| | 综合费用 | | 元 | 1308 |
| | 合 计 | | 元 | 7827 |

| 序号 | 指标编号 | | | 5Z－05 |
|---|---|---|---|---|
| | 项　目 | 单　位 | | 管径 |
| | | | | DN700 |
| | 指标基价 | 元 | | 12040 |
| 一 | 建筑工程费用 | 元 | | |
| 二 | 安装工程费用 | 元 | | 9518 |
| 三 | 设备购置费 | 元 | | |
| 四 | 工程建设其他费用 | 元 | | 1428 |
| 五 | 基本预备费 | 元 | | 1095 |
| 建筑安装工程费 | | | | |
| 直接费 | 人工费 | 安装工程人工 | 工日 | 5.771 |
| | | 人工费小计 | 元 | 508 |
| | 材料费 | 预制保温管 | m | 2.02 |
| | | 波纹管补偿器 | 个 | 0.013 |
| | | 焊接阀门 | 个 | 0.0015 |
| | | 型钢 | kg | 25.917 |
| | | 普通钢板 $\delta = 8 \sim 15$ | kg | 29.495 |
| | | 其他材料费 | 元 | 944.05 |
| | | 材料费小计 | 元 | 7219 |
| | 机械费 | 机械费 | 元 | 161.21 |
| | | 其他机具费 | 元 | 44.20 |
| | | 机械费小计 | 元 | 205 |
| 小　计 | | | 元 | 7932 |
| 综合费用 | | | 元 | 1586 |
| 合　计 | | | 元 | 9518 |

单位:m

| 序号 | 项 目 | | 单 位 | 指标编号 5Z-06 |
|---|---|---|---|---|
| | | | | 管径 |
| | | | | DN800 |
| | 指标基价 | | 元 | 14244 |
| 一 | 建筑工程费用 | | 元 | |
| 二 | 安装工程费用 | | 元 | 11260 |
| 三 | 设备购置费 | | 元 | |
| 四 | 工程建设其他费用 | | 元 | 1689 |
| 五 | 基本预备费 | | 元 | 1295 |
| | 建筑安装工程费 | | | |
| 直接费 | 人工费 | 安装工程人工 | 工日 | 6.643 |
| | | 人工费小计 | 元 | 585 |
| | 材料费 | 预制保温管 | m | 2.02 |
| | | 波纹管补偿器 | 个 | 0.013 |
| | | 焊接阀门 | 个 | 0.0015 |
| | | 型钢 | kg | 29.057 |
| | | 普通钢板 δ=8~15 | kg | 33.814 |
| | | 其他材料费 | 元 | 1123.78 |
| | | 材料费小计 | 元 | 8552 |
| | 机械费 | 机械费 | 元 | 198.58 |
| | | 其他机具费 | 元 | 51.56 |
| | | 机械费小计 | 元 | 250 |
| | 小 计 | | 元 | 9387 |
| | 综合费用 | | 元 | 1873 |
| | 合 计 | | 元 | 11260 |

单位:m

| 序号 | 项 目 | 单 位 | 指 标 编 号 | 5Z‑07 |
|---|---|---|---|---|
| | | | 管径 | |
| | | | DN900 | |
| | 指标基价 | 元 | 15761 | |
| 一 | 建筑工程费用 | 元 | | |
| 二 | 安装工程费用 | 元 | 12460 | |
| 三 | 设备购置费 | 元 | | |
| 四 | 工程建设其他费用 | 元 | 1869 | |
| 五 | 基本预备费 | 元 | 1433 | |

建筑安装工程费

| 直接费 | 人工费 | 安装工程人工 | 工日 | 7.299 |
|---|---|---|---|---|
| | | 人工费小计 | 元 | 642 |
| | 材料费 | 预制保温管 | m | 2.018 |
| | | 波纹管补偿器 | 个 | 0.013 |
| | | 焊接阀门 | 个 | 0.0015 |
| | | 型钢 | kg | 33.511 |
| | | 普通钢板 $\delta = 8 \sim 15$ | kg | 38.300 |
| | | 其他材料费 | 元 | 1287.02 |
| | | 材料费小计 | 元 | 9463 |
| | 机械费 | 机械费 | 元 | 225.76 |
| | | 其他机具费 | 元 | 57.05 |
| | | 机械费小计 | 元 | 283 |
| | 小　计 | | 元 | 10388 |
| 综合费用 | | | 元 | 2072 |
| 合　计 | | | 元 | 12460 |

| 序号 | \multicolumn{2}{c}{指标编号} | | 5Z-08 |
|---|---|---|---|
| | \multirow{2}{*}{项 目} | \multirow{2}{*}{单 位} | 管径 |
| | | | DN1000 |
| | 指标基价 | 元 | 17918 |
| 一 | 建筑工程费用 | 元 | |
| 二 | 安装工程费用 | 元 | 14164 |
| 三 | 设备购置费 | 元 | |
| 四 | 工程建设其他费用 | 元 | 2125 |
| 五 | 基本预备费 | 元 | 1629 |

| \multicolumn{4}{c}{建筑安装工程费} | | | |
|---|---|---|---|---|---|
| \multirow{13}{*}{直接费} | \multirow{2}{*}{人工费} | 安装工程人工 | 工日 | 8.082 |
| | | 人工费小计 | 元 | 711 |
| | \multirow{7}{*}{材料费} | 预制保温管 | m | 2.018 |
| | | 波纹管补偿器 | 个 | 0.013 |
| | | 焊接阀门 | 个 | 0.0015 |
| | | 型钢 | kg | 38.665 |
| | | 普通钢板 δ=8~15 | kg | 41.800 |
| | | 其他材料费 | 元 | 1641.39 |
| | | 材料费小计 | 元 | 10778 |
| | \multirow{3}{*}{机械费} | 机械费 | 元 | 260.19 |
| | | 其他机具费 | 元 | 64.13 |
| | | 机械费小计 | 元 | 324 |
| \multicolumn{3}{c}{小 计} | 元 | 11813 |
| \multicolumn{3}{c}{综合费用} | 元 | 2351 |
| \multicolumn{3}{c}{合 计} | 元 | 14164 |

# 2 分 项 指 标

## 说 明

1 分项指标按照不同构筑物分为标准段、吊装口、通风口、管线分支口、端部井、分变电所、人员出入口、控制中心连接段、倒虹段、交叉口等,内容包括:土方工程、钢筋混凝土工程、降水、围护结构和地基处理等。分项指标内列出了工程特征,当自然条件相差较大,设计标准不同时,可按工程量进行调整。

2 分项指标包括标准段、吊装口、通风口、管线分支口、人员出入口、交叉口、端部井、分变电所、分变电所-水泵房、倒虹段和其他。

## 2.1 标 准 段

单位:m

| 指标编号 | 1F-01 | | 构筑物名称 | 标准段1舱 | |
|---|---|---|---|---|---|
| 结构特征:结构内径3.4m×2.4m,底板厚300mm,外壁厚300mm,顶板厚300mm | | | | | |
| 建筑体积 | 8.16m³ | | 混凝土体积 | 3.84m³ | |
| 项目 | 单位 | 构筑物 | 占指标基价的% | 折合指标 | |
| | | | | 建筑体积(元/m³) | 混凝土体积(元/m³) |
| 1. 指标基价 | 元 | 26202 | 100.00% | 3211 | 6823 |
| 2. 建筑安装工程费 | 元 | 24492 | 93.47% | 3001 | 6378 |
| 2.1 建筑工程费 | 元 | 18095 | 69.06% | 2218 | 4712 |
| 2.2 安装工程费 | 元 | 6397 | 24.41% | 784 | 1666 |
| 3. 设备购置费 | 元 | 1710 | 6.53% | 210 | 445 |
| 3.1 给排水消防 | 元 | 9 | | | |
| 3.2 电气工程 | 元 | 444 | | | |
| 3.3 管廊监测 | 元 | 1161 | | | |
| 3.4 通风工程 | 元 | 96 | | | |
| 土建主要工程数量和主要工料数量 | | | | | |
| 主要工程数量 | | | | 主要工料数量 | |
| 项目 | 单位 | 数量 | 建筑体积指标(每m³) | 项目 | 单位 | 数量 | 建筑体积指标(每m³) |
| 土方开挖 | m³ | 90.007 | 11.030 | 土建人工 | 工日 | 45.743 | 5.606 |
| 混凝土垫层 | m³ | 0.420 | 0.051 | 商品混凝土 | m³ | 4.548 | 0.557 |
| 钢筋混凝土底板 | m³ | 1.200 | 0.147 | 钢材 | t | 0.698 | 0.085 |

| 主要工程数量 | | | | 主要工料数量 | | | |
|---|---|---|---|---|---|---|---|
| 项目 | 单位 | 数量 | 建筑体积指标(每 m³) | 项目 | 单位 | 数量 | 建筑体积指标(每 m³) |
| 钢筋混凝土侧墙 | m³ | 1.440 | 0.176 | 木材 | m³ | 0.011 | 0.001 |
| 钢筋混凝土顶板 | m³ | 1.200 | 0.147 | 砂 | t | 0.951 | 0.116 |
| 井点降水 | 根 | 2.672 | 0.328 | 碎(砾)石 | t | 0.000 | 0.000 |
| | | | | 其他材料费 | 元 | 69.80 | 8.55 |
| | | | | 机械使用费 | 元 | 1850.82 | 226.82 |

设备主要数量(3990m)

| 项目及规格 | 单位 | 数量 |
|---|---|---|
| 一、给排水消防 | | |
| 消火栓 | 台 | 258 |
| 二、电气工程 | | |
| 250kV·A 变压器 | 台 | 4 |
| 照明柜 | 台 | 50 |
| 动力柜 | 台 | 50 |
| 三、管廊监测 | | |
| 光线分布式测温主机 | 台 | 1 |
| 落地式报警控制器 | 台 | 1 |
| 局域网交换机设备安装、调试 企业级交换机 三层交换机 | 台 | 2 |
| PLC 编程控制器 | 台 | 21 |
| 现场以太网交换机 | 台 | 21 |
| 应用服务器 容错服务器 | 台 | 1 |
| 摄像设备 | 台 | 115 |
| 管沟内弱电配电箱 | 台 | 21 |
| 47U 19 寸标准机柜 | 台 | 7 |
| 四、通风工程 | | |
| 排风、排烟机(双速离心柜式风机、防爆) | 台 | 21 |

| 指标编号 | 1F-02 | | 构筑物名称 | | 标准段1舱 | |
|---|---|---|---|---|---|---|
| 结构特征:结构内径2.5m×2.4m,底板厚300mm,外壁厚300mm,内壁厚300mm | | | | | | |
| 建筑体积 | 6.00m³ | | | 混凝土体积 | 3.49m³ | |
| 项目 | 单位 | 构筑物 | 占指标基价的% | 折合指标 | | |
| | | | | 建筑体积(元/m³) | 混凝土体积(元/m³) | |
| 1.指标基价 | 元 | 32796 | 100.00% | 5466 | 9393 | |
| 2.建筑安装工程费 | 元 | 31287 | 95.40% | 5214 | 8961 | |
| 2.1建筑工程费 | 元 | 21892 | 66.75% | 3649 | 6270 | |
| 2.2安装工程费 | 元 | 9395 | 28.65% | 1566 | 2691 | |
| 3.设备购置费 | 元 | 1509 | 4.60% | 251 | 432 | |
| 3.1电气工程 | 元 | 1482 | | | | |
| 3.2通风工程 | 元 | 27 | | | | |

土建主要工程数量和主要工料数量

| 主要工程数量 | | | | 主要工料数量 | | | |
|---|---|---|---|---|---|---|---|
| 项目 | 单位 | 数量 | 建筑体积指标(每m³) | 项目 | 单位 | 数量 | 建筑体积指标(每m³) |
| 土方开挖 | m³ | 40.125 | 6.688 | 土建人工 | 工日 | 55.070 | 9.178 |
| 混凝土垫层 | m³ | 0.330 | 0.055 | 商品混凝土 | m³ | 3.396 | 0.566 |
| 钢筋混凝土底板 | m³ | 0.965 | 0.161 | 钢材 | t | 0.885 | 0.148 |
| 钢筋混凝土侧墙 | m³ | 1.596 | 0.266 | 木材 | m³ | 0.003 | 0.001 |
| 钢筋混凝土顶板 | m³ | 0.930 | 0.155 | 砂 | t | 1.959 | 0.326 |
| | | | | 豆石 | t | 1.722 | 0.287 |
| | | | | 其他材料费 | 元 | 593.28 | 98.88 |
| | | | | 机械使用费 | 元 | 1796.66 | 299.44 |

设备主要数量(426m)

| 项目及规格 | 单位 | 数量 |
|---|---|---|
| 一、电气工程 | | |
| 干式变压器 | 台 | 1 |
| 10kV负荷开关柜 | 面 | 3 |
| 低压配电柜 | 面 | 3 |
| 风机配电控制柜 | 面 | 1 |
| 火灾报警控制器 | 面 | 1 |
| 复合型空气监测器 | 套 | 6 |
| 手动火灾报警按钮 | 套 | 10 |
| PLC柜 | 面 | 1 |
| UPS柜 | 面 | 1 |
| 摄像机 | 套 | 12 |
| 紧急电话 | 个 | 10 |
| 井盖监控设备 | 套 | 91 |
| 二、通风工程 | | |
| 消防高温排烟风机 | 台 | 3 |
| 诱导风机 | 台 | 48 |

| 指标编号 | 1F-03 | | 构筑物名称 | 标准段2舱 | |
|---|---|---|---|---|---|
| 结构特征:结构内径(3+1.8)m×2.9m,底板厚300mm,外壁厚300mm,内壁厚250mm,顶板厚300mm | | | | | |
| 建筑体积 | 19.77m³ | | 混凝土体积 | 5.95m³ | |
| 项目 | 单位 | 构筑物 | 占指标基价的% | 折合指标 | |
| | | | | 建筑体积(元/m³) | 混凝土体积(元/m³) |
| 1.指标基价 | 元 | 32060 | 100.00% | 1621.63 | 5388.17 |
| 2.建筑安装工程费 | 元 | 27959 | 87.21% | 1414.22 | 4699.02 |
| 2.1建筑工程费 | 元 | 24604 | 76.47% | 1244.51 | 4135.13 |
| 2.2安装工程费 | 元 | 3355 | 10.47% | 169.71 | 563.90 |
| 3.设备购置费 | 元 | 4101 | 12.79% | 207.41 | 689.14 |
| 3.1给排水消防 | 元 | 279 | | | |
| 3.2电气工程 | 元 | 2350 | | | |
| 3.3自控仪表 | 元 | 1055 | | | |
| 3.4火灾报警 | 元 | 363 | | | |
| 3.5光纤电话 | 元 | 15 | | | |
| 3.6通风工程 | 元 | 39 | | | |
| 土建主要工程数量和主要工料数量 | | | | | |
| 主要工程数量 | | | | 主要工料数量 | |
| 项目 | 单位 | 数量 | 建筑体积指标(每m³) | 项目 | 单位 | 数量 | 建筑体积指标(每m³) |

| 主要工程数量 | | | | 主要工料数量 | | | |
|---|---|---|---|---|---|---|---|
| 项目 | 单位 | 数量 | 建筑体积指标(每m³) | 项目 | 单位 | 数量 | 建筑体积指标(每m³) |
| 土方开挖 | m³ | 62.251 | 3.149 | 土建人工 | 工日 | 44.268 | 2.239 |
| 混凝土垫层 | m³ | 1.210 | 0.061 | 商品混凝土 | m³ | 6.041 | 0.306 |
| 钢筋混凝土底板 | m³ | 1.740 | 0.088 | 钢材 | t | 1.005 | 0.051 |
| 钢筋混凝土侧墙 | m³ | 2.721 | 0.138 | 木材 | m³ | 0.041 | 0.002 |
| 钢筋混凝土顶板 | m³ | 1.440 | 0.073 | 砂 | t | 1.295 | 0.066 |
| 井点降水 | 根 | 1.667 | 0.084 | 其他材料费 | 元 | 3060.11 | 154.79 |
| | | | | 机械使用费 | 元 | 3538.25 | 57.39 |

| 设备主要数量(1000m) | | |
|---|---|---|
| 项目及规格 | 单位 | 数量 |
| 一、给排水消防 | | |
| 排水泵 30m³/hr,15m | 套 | 38 |
| 排水泵 30m³/hr,30m | 套 | 8 |

| 项目及规格 | 单位 | 数　量 |
|---|---|---|
| 磷酸铵盐干粉灭火器4kg | 套 | 112 |
| 二、电气工程 | | |
| 埋地式变压器160kV·A | 台 | 1 |
| 低压配电柜 | 台 | 4 |
| 低压配电控制箱 | 台 | 4 |
| EPS | 套 | 4 |
| 照明配电控制箱 | 台 | 4 |
| 排水泵控制箱 | 套 | 28 |
| 工业专用插座箱 | 套 | 56 |
| 三、自控仪表 | | |
| 分变电所现场通讯箱 | 套 | 1 |
| 现场自控箱 ACU | 套 | 3 |
| 温湿度监测仪 | 套 | 6 |
| 有毒气体检测仪 | 套 | 6 |
| 氧气监测仪 | 套 | 6 |
| IP 摄像机 | 套 | 15 |
| 红外对射装置 | 个 | 15 |
| 四、火灾报警 | | |
| 分变电所区域火灾报警箱 | 套 | 1 |
| 现场消防箱 | 套 | 4 |
| 警铃 | 个 | 26 |
| 五、光纤电话 | | |
| 光纤紧急电话机 | 台 | 4 |
| 光纤紧急电话机接入卡 | 块 | 4 |
| 光纤紧急电话副机 | 台 | 12 |
| 六、通风系统 | | |
| 屋顶式排烟风机 DWT-Ⅰ型　4580m³/h | 台 | 1 |
| 屋顶式排烟风机 DWT-Ⅰ型　6200m³/h | 台 | 2 |
| 屋顶式排烟风机 DWT-Ⅰ型　9100m³/h | 台 | 1 |
| 电动排烟防火阀700×700 | 个 | 8 |

| 指标编号 | | 1F-04 | 构筑物名称 | | 标准段2舱 |
|---|---|---|---|---|---|

结构特征:结构内径(2.4+2.7)m×3m,底板厚400mm,外壁厚400mm,内壁厚300mm,顶板厚400mm

| 建筑体积 | | 15.3m³ | 混凝土体积 | | 7.94m³ |
|---|---|---|---|---|---|

| 项目 | 单位 | 构筑物 | 占指标基价的% | 折合指标 建筑体积 (元/m³) | 混凝土体积 (元/m³) |
|---|---|---|---|---|---|
| 1. 指标基价 | 元 | 36862 | 100% | 2409.27 | 4642.55 |
| 2. 建筑安装工程费 | 元 | 32462 | 88.06% | 2121.72 | 4088.45 |
| 2.1 建筑工程费 | 元 | 25903 | 70.27% | 1693.00 | 3262.33 |
| 2.2 安装工程费 | 元 | 6559 | 25.32% | 428.72 | 826.11 |
| 3. 设备购置费 | 元 | 4400 | 11.94% | 287.56 | 554.21 |
| 3.1 火灾报警及消防 | 元 | 879 | | | |
| 3.2 电气工程 | 元 | 1723 | | | |
| 3.3 管廊监测 | 元 | 402 | | | |
| 3.4 通风工程 | 元 | 170 | | | |
| 3.5 排水工程 | 元 | 266 | | | |
| 3.6 通信系统 | 元 | 960 | | | |

土建主要工程数量和主要工料数量

| 主要工程数量 | | | | 主要工料数量 | | | |
|---|---|---|---|---|---|---|---|
| 项目 | 单位 | 数量 | 建筑体积指标 (每 m³) | 项目 | 单位 | 数量 | 建筑体积指标 (每 m³) |
| 土方开挖 | m³ | 76.059 | 4.971 | 土建人工 | 工日 | 47.506 | 3.105 |
| 混凝土垫层 | m³ | 0.615 | 0.040 | 商品混凝土 | m³ | 9.400 | 0.614 |
| 钢筋混凝土底板 | m³ | 2.418 | 0.158 | 钢材 | t | 1.136 | 0.074 |
| 钢筋混凝土侧墙 | m³ | 3.103 | 0.203 | 木材 | m³ | 0.031 | 0.002 |
| 钢筋混凝土顶板 | m³ | 2.418 | 0.158 | 砂 | t | 0.869 | 0.057 |
| 土钉墙 | m² | 16.612 | 1.086 | | | | |
| | | | | 其他材料费 | 元 | 361.90 | 23.65 |
| | | | | 机械使用费 | 元 | 2713.01 | 177.32 |

设备主要数量(750m)

| 项目及规格 | 单位 | 数 量 |
|---|---|---|
| 一、给排水消防 | | |
| 潜水泵1.1kW(自带电控箱) | 台 | 7 |

| 项目及规格 | 单位 | 数　　量 |
|---|---|---|
| 潜水泵 1.5kW(自带电控箱) | 台 | 4 |
| 潜水泵 11kW(耐高温事故泵) | 套 | 1 |
| 二、电气工程 | | |
| 箱式变电站(SC10 - 160kV·A) | 台 | 2 |
| 动力照明配电箱 | 台 | 4 |
| 检修照明箱 | 台 | 7 |
| 检修插座箱 | 台 | 26 |
| 风机控制箱 | 台 | 4 |
| 风机控制按钮盒 | 台 | 8 |
| 应急照明配电箱 | 台 | 4 |
| 三、管廊监测 | | |
| 温湿度变送器 | 台 | 40 |
| 氧气含量检测仪 | 台 | 40 |
| 浮标液位开关 | 台 | 20 |
| 便携式四合一气体含量检测仪 | 台 | 2 |
| 四、通风工程 | | |
| 轴流风机 1.5kW | 台 | 4 |
| 轴流风机 0.75kW | 台 | 4 |
| 五、通信系统 | | |
| 火灾报警区域控制器 | 套 | 1 |
| 红外光束探测器 | 套 | 5 |
| 保安监控摄像设备 | 米 | 2000 |
| 远端光接入模块 | 台 | 10 |
| 固定电话终端 | 台 | 6 |
| 中继台及天线 | 套 | 22 |
| 门禁设备 | 套 | 4 |
| 保安监控摄像设备 | 套 | 10 |
| 测温光纤主机 | 套 | 1 |
| 保安监控摄像设备 | 米 | 2000 |

| 指标编号 | | 1F-05 | 构筑物名称 | | 标准段1舱 | |
|---|---|---|---|---|---|---|
| 结构特征:结构内径2.6m×2.6m,底板厚350mm,外壁厚350mm,内壁厚350mm,顶板厚350mm | | | | | | |
| 建筑体积 | | 6.76m³ | 混凝土体积 | | 4.28m³ | |
| 项目 | 单位 | 构筑物 | 占指标基价的% | 折合指标 | | |
| | | | | 建筑体积(元/m³) | | 混凝土体积(元/m³) |
| 1. 指标基价 | 元 | 38414 | 100.00% | 5682.54 | | 8975.23 |
| 2. 建筑安装工程费 | 元 | 36907 | 96.08% | 5459.62 | | 8623.13 |
| 2.1 建筑工程费 | 元 | 26074 | 67.88% | 3857.10 | | 6092.06 |
| 2.2 安装工程费 | 元 | 10833 | 28.20% | 1602.52 | | 2531.08 |
| 3. 设备购置费 | 元 | 1507 | 3.92% | 222.93 | | 352.10 |
| 3.1 电气工程 | 元 | 1479 | | | | |
| 3.2 通风工程 | 元 | 28 | | | | |

### 土建主要工程数量和主要工料数量

| 主要工程数量 | | | | 主要工料数量 | | | |
|---|---|---|---|---|---|---|---|
| 项目 | 单位 | 数量 | 建筑体积指标(每 m³) | 项目 | 单位 | 数量 | 建筑体积指标(每 m³) |
| 土方开挖 | m³ | 58.515 | 8.656 | 土建人工 | 工日 | 66.039 | 9.769 |
| 混凝土垫层 | m³ | 0.349 | 0.052 | 商品混凝土 | m³ | 4.259 | 0.630 |
| 钢筋混凝土底板 | m³ | 1.189 | 0.176 | 钢材 | t | 1.131 | 0.167 |
| 钢筋混凝土侧墙 | m³ | 1.942 | 0.287 | 木材 | m³ | 0.003 | 0.000 |
| 钢筋混凝土顶板 | m³ | 1.153 | 0.171 | 砂 | t | 2.321 | 0.343 |
| | | | | 豆石 | t | 2.260 | 0.334 |
| | | | | 其他材料费 | 元 | 720.69 | 106.61 |
| | | | | 机械使用费 | 元 | 1931.11 | 285.67 |

### 主要设备数量(241m)

| 项目及规格 | 单位 | 数量 |
|---|---|---|
| 一、电气工程 | | |
| 干式变压器 | 台 | 1 |
| 10kV 负荷开关柜 | 面 | 2 |
| 低压配电柜 | 面 | 2 |
| 复合型空气监测器 | 套 | 3 |
| 手动火灾报警按钮 | 套 | 6 |
| 摄像机 | 套 | 7 |
| 紧急电话 | 个 | 6 |
| 井盖监控设备 | 套 | 51 |
| 二、通风工程 | | |
| 消防高温排烟风机 | 台 | 2 |
| 诱导风机 | 台 | 27 |

| 指标编号 | | 1F－06 | | 构筑物名称 | | 标准段2舱 | |
|---|---|---|---|---|---|---|---|

结构特征:结构内径(2.5＋2)m×2.4m　底板厚350mm,外壁厚300mm,内壁厚300mm,顶板厚350mm

| 建筑体积 | | | 10.80m³ | | 混凝土体积 | | 6.48m³ |
|---|---|---|---|---|---|---|---|

| 项目 | 单位 | 构筑物 | 占指标基价的% | 折合指标 | |
|---|---|---|---|---|---|
| | | | | 建筑体积(元/m³) | 混凝土体积(元/m³) |
| 1.指标基价 | 元 | 48902 | 100.00% | 4528 | 7549 |
| 2.建筑安装工程费 | 元 | 45882 | 93.82% | 4248 | 7083 |
| 2.1建筑工程费 | 元 | 30145 | 61.64% | 2791 | 4654 |
| 2.2安装工程费 | 元 | 15737 | 32.18% | 1457 | 2429 |
| 3.设备购置费 | 元 | 3020 | 6.18% | 280 | 466 |
| 3.1电气工程 | 元 | 2963 | | | |
| 3.2通风工程 | 元 | 57 | | | |

土建主要工程数量和主要工料数量

| 主要工程数量 | | | | 主要工料数量 | | | |
|---|---|---|---|---|---|---|---|
| 项目 | 单位 | 数量 | 建筑体积指标(每m³) | 项目 | 单位 | 数量 | 建筑体积指标(每m³) |
| 土方开挖 | m³ | 90.709 | 8.399 | 土建人工 | 工日 | 75.940 | 7.032 |
| 混凝土垫层 | m³ | 0.625 | 0.058 | 商品混凝土 | m³ | 6.316 | 0.585 |
| 钢筋混凝土底板 | m³ | 2.000 | 0.185 | 钢材 | t | 1.303 | 0.121 |
| 钢筋混凝土侧墙 | m³ | 2.538 | 0.235 | 木材 | m³ | 0.003 | 0.000 |
| 钢筋混凝土顶板 | m³ | 1.940 | 0.180 | 砂 | t | 2.205 | 0.204 |
| | | | | 豆石 | t | 1.946 | 0.180 |
| | | | | 其他材料费 | 元 | 725.67 | 67.19 |
| | | | | 机械使用费 | 元 | 2472.62 | 228.95 |

主要设备数量(936.2m)

| 项目及规格 | 单位 | 数量 |
|---|---|---|
| 一、电气工程 | | |
| 干式变压器 | 台 | 3 |
| 10kV负荷开关柜 | 面 | 7 |
| 低压配电柜 | 面 | 7 |
| 风机配电控制柜 | 面 | 1 |
| 火灾报警控制器 | 面 | 1 |
| 复合型空气监测器 | 套 | 13 |
| 手动火灾报警按钮 | 套 | 22 |
| PLC柜 | 面 | 1 |
| UPS柜 | 面 | 1 |
| 摄像机 | 套 | 27 |
| 紧急电话 | 个 | 22 |
| 井盖监控设备 | 套 | 199 |
| 二、通风工程 | | |
| 消防高温排烟风机 | 台 | 7 |
| 诱导风机 | 台 | 104 |

| 指标编号 | | 1F－07 | | 构筑物名称 | | 标准段2舱 | |
|---|---|---|---|---|---|---|---|

结构特征:结构内径(2.3＋4.3)m×4m,底板厚500mm,外壁厚400mm,内壁厚300mm,顶板厚500mm

| 建筑体积 | | 26.40m³ | | 混凝土体积 | | 12.62m³ | |
|---|---|---|---|---|---|---|---|

| 项目 | 单位 | 构筑物 | 占指标基价的% | 折合指标 | |
|---|---|---|---|---|---|
| | | | | 建筑体积(元/m³) | 混凝土体积(元/m³) |
| 1.指标基价 | 元 | 54965 | 100% | 2081.98 | 4355.34 |
| 2.建筑安装工程费 | 元 | 51145 | 93.05% | 1937.30 | 4052.68 |
| 2.1建筑工程费 | 元 | 41480 | 75.47% | 1571.19 | 3286.50 |
| 2.2安装工程费 | 元 | 9665 | 23.30% | 366.11 | 765.88 |
| 3.设备购置费 | 元 | 3820 | 6.95% | 144.68 | 302.65 |
| 3.1给排水消防 | 元 | 1589 | | | |
| 3.2电气工程 | 元 | 826 | | | |
| 3.3管廊监测 | 元 | 199 | | | |
| 3.4通风工程 | 元 | 91 | | | |
| 3.5通信系统 | 元 | 1115 | | | |

土建主要工程数量和主要工料数量

| 主要工程数量 | | | | 主要工料数量 | | | |
|---|---|---|---|---|---|---|---|
| 项目 | 单位 | 数量 | 建筑体积指标<br>(每 m³) | 项目 | 单位 | 数量 | 建筑体积指标<br>(每 m³) |
| 土方开挖 | m³ | 123.056 | 4.661 | 土建人工 | 工日 | 75.376 | 2.855 |
| 混凝土垫层 | m³ | 0.961 | 0.036 | 商品混凝土 | m³ | 14.914 | 0.565 |
| 钢筋混凝土底板 | m³ | 4.344 | 0.165 | 钢材 | t | 2.003 | 0.076 |
| 钢筋混凝土侧墙 | m³ | 3.970 | 0.150 | 木材 | m³ | 0.049 | 0.002 |
| 钢筋混凝土顶板 | m³ | 4.308 | 0.163 | 砂 | t | 1.379 | 0.052 |
| 土钉墙 | m² | 20.924 | 0.793 | | | | |
| | | | | 其他材料费 | 元 | 574.21 | 21.75 |
| | | | | 机械使用费 | 元 | 4304.66 | 163.06 |

主要设备数量(3520m)

| 项目及规格 | 单位 | 数 量 |
|---|---|---|
| 一、给排水消防 | | |
| 潜水泵4kW | 台 | 4 |

| 项目及规格 | 单位 | 数　量 |
|---|---|---|
| 潜水泵 2.2kW | 台 | 17 |
| 控制设备 | 套 | 1 |
| 高压柱塞泵 | 台 | 2 |
| 消防广播组合盘台 | 台 | 1 |
| 二、电气工程 | | |
| 低压开关柜 | 台 | 2 |
| 照明配电箱 | 台 | 1 |
| 动力照明配电箱 | 台 | 20 |
| 送风风机控制箱 | 台 | 11 |
| 排风风机控制箱 | 台 | 20 |
| 变电站风机按钮盒 | 台 | 2 |
| 照明风机按钮盒 | 台 | 42 |
| 检修插座箱 | 台 | 40 |
| 照明监控系统设备 | 套 | 1 |
| 三、管廊监测 | | |
| 温湿度变送器 | 台 | 40 |
| 氧气含量检测仪 | 台 | 40 |
| 浮标液位开关 | 台 | 20 |
| 便携式四合一气体含量检测仪 | 台 | 2 |
| 四、通风工程 | | |
| 空调器 | 台 | 1 |
| 轴流风机 4.4kW | 台 | 40 |
| 轴流风机 2.5kW | 台 | 1 |
| 五、通信系统 | | |
| 火灾报警区域控制器 | 套 | 3 |
| 红外光束探测器 | 套 | 21 |
| 数据采集站(含网络电缆) | 套 | 10 |
| UPS 不间断电源 | 台 | 2 |
| 远端光接入模块 | 台 | 42 |
| 固定电话终端 | 台 | 42 |
| 中继台及天线 | 套 | 42 |
| 门禁设备 | 套 | 3 |
| 保安监控摄像设备 | 套 | 3 |

| 指标编号 | 1F－08 | | 构筑物名称 | | 标准段2舱 | |
|---|---|---|---|---|---|---|
| 结构特征:结构内径(3.4＋2.6)m×2.9m,底板厚300mm,外壁厚300mm,内壁厚300mm,顶板厚300mm | | | | | | |
| 建筑体积 | 17.4m³ | | 混凝土体积 | | 7.08m³ | |
| 项目 | 单位 | 构筑物 | 占指标基价的% | 折合指标 | | |
| | | | | 建筑体积(元/m³) | 混凝土体积(元/m³) | |
| 1.指标基价 | 元 | 54113 | 100.00% | 3109.94 | 7643.08 | |
| 2.建筑安装工程费 | 元 | 50805 | 93.89% | 2919.83 | 7175.85 | |
| 2.1建筑工程费 | 元 | 42645 | 78.81% | 2450.86 | 6023.31 | |
| 2.2安装工程费 | 元 | 8160 | 15.08% | 468.97 | 1152.54 | |
| 3.设备购置费 | 元 | 3308 | 6.11% | 190.11 | 467.23 | |
| 3.1电气工程 | 元 | 3116 | | | | |
| 3.2通风工程 | 元 | 192 | | | | |

土建主要工程数量和主要工料数量

| 主要工程数量 | | | | 主要工料数量 | | | |
|---|---|---|---|---|---|---|---|
| 项目 | 单位 | 数量 | 建筑体积指标(每m³) | 项目 | 单位 | 数量 | 建筑体积指标(每m³) |
| 土方开挖 | m³ | 56.615 | 3.254 | 土建人工 | 工日 | 76.003 | 4.368 |
| 混凝土垫层 | m³ | 0.705 | 0.041 | 商品混凝土 | m³ | 7.275 | 0.418 |
| 钢筋混凝土底板 | m³ | 2.117 | 0.122 | 钢材 | t | 1.000 | 0.057 |
| 钢筋混凝土侧墙 | m³ | 2.851 | 0.164 | 级配砂石 | t | 10.140 | 0.583 |
| 钢筋混凝土顶板 | m³ | 2.117 | 0.122 | 中砂 | t | 3.912 | 0.225 |
| 井点降水 | 根 | 0.800 | 0.046 | 碎石 | t | 1.800 | 0.103 |
| | | | | 其他材料费 | 元 | 26.48 | 1.522 |
| | | | | 机械使用费 | 元 | 4794.73 | 275.56 |

主要设备数量(1552.5m)

| 项目及规格 | 单位 | 数量 |
|---|---|---|
| 一、电气工程 | | |
| 箱式变电站 DXB10kV/50kV·A～10kV/125kV·A | 座 | 8 |
| 动力照明配电柜 | 面 | 23 |
| PLC柜 | 面 | 23 |
| UPS柜 | 面 | 23 |
| 火灾报警控制器 | 面 | 23 |
| 风机配电柜 | 面 | 23 |
| 复合型空气监测器 | 套 | 48 |
| 摄像机 | 套 | 48 |
| 红外线入侵探测器 | 套 | 48 |
| 手动火灾报警按钮 | 套 | 97 |
| 紧急电话 | 个 | 48 |
| DLP视频监视器屏墙 | 套 | 2 |
| 二、通风工程 | | |
| 立式消防排烟风机 | 台 | 69 |
| 诱导风机 | 台 | 521 |
| 轴流式通风机 | 台 | 4 |

| 指标编号 | | 1F－09 | | 构筑物名称 | | 标准段2舱 | |
|---|---|---|---|---|---|---|---|

结构特征:结构内径(2.6＋2)m×2.6m,底板厚350mm,外壁厚350mm,内壁厚350mm,顶板厚350mm

| 建筑体积 | | 11.96m³ | | 混凝土体积 | | 6.86m³ | |
|---|---|---|---|---|---|---|---|
| 项目 | 单位 | 构筑物 | 占指标基价的% | \multicolumn{4}{c}{折合指标} |
| | | | | 建筑体积(元/m³) | | 混凝土体积(元/m³) | |
| 1.指标基价 | 元 | 54253 | 100.00% | 4536.20 | | 7908.60 | |
| 2.建筑安装工程费 | 元 | 51236 | 94.44% | 4283.95 | | 7468.80 | |
| 2.1建筑工程费 | 元 | 34327 | 63.27% | 2870.15 | | 5003.94 | |
| 2.2安装工程费 | 元 | 16909 | 31.17% | 1413.80 | | 2464.87 | |
| 3.设备购置费 | 元 | 3017 | 5.56% | 252.26 | | 439.80 | |
| 3.1电气工程 | 元 | 2961 | 5.78% | | | | |
| 3.2通风工程 | 元 | 56 | 0.11% | | | | |

**土建主要工程数量和主要工料数量**

| \multicolumn{3}{c}{主要工程数量} | | | \multicolumn{3}{c}{主要工料数量} | | |
|---|---|---|---|---|---|---|---|
| 项目 | 单位 | 数量 | 建筑体积指标(每m³) | 项目 | 单位 | 数量 | 建筑体积指标(每m³) |
| 土方开挖 | m³ | 70.641 | 5.906 | 土建人工 | 工日 | 85.610 | 7.158 |
| 混凝土垫层 | m³ | 0.580 | 0.048 | 商品混凝土 | m³ | 6.675 | 0.558 |
| 钢筋混凝土底板 | m³ | 2.055 | 0.172 | 钢材 | t | 1.546 | 0.129 |
| 钢筋混凝土侧墙 | m³ | 2.848 | 0.238 | 木材 | m³ | 0.003 | 0.000 |
| 钢筋混凝土顶板 | m³ | 1.959 | 0.164 | 砂 | t | 0.247 | 0.021 |
| | | | | 豆石 | t | 0.266 | 0.022 |
| | | | | 其他材料费 | 元 | 856.72 | 71.632 |
| | | | | 机械使用费 | 元 | 2783.71 | 232.751 |

**主要设备数量(487m)**

| 项目及规格 | 单位 | 数量 |
|---|---|---|
| 一、电气工程 | | |
| 干式变压器 | 台 | 1 |
| 10kV负荷开关柜 | 面 | 3 |
| 低压配电柜 | 面 | 3 |
| 风机配电控制柜 | 面 | 1 |
| 火灾报警控制器 | 面 | 1 |
| 复合型空气监测器 | 套 | 7 |
| 手动火灾报警按钮 | 套 | 12 |
| PLC柜 | 面 | 1 |
| UPS柜 | 面 | 1 |
| 摄像机 | 套 | 14 |
| 紧急电话 | 个 | 12 |
| 井盖监控设备 | 套 | 103 |
| 二、通风工程 | | |
| 消防高温排烟风机 | 台 | 4 |
| 诱导风机 | 台 | 54 |

单位:m

| 指标编号 | | 1F－10 | | 构筑物名称 | | 标准段2舱 | |
|---|---|---|---|---|---|---|---|

结构特征:结构内径(2.8+3.5)m×2.6m,底板厚400mm,外壁厚400mm,内壁厚400mm,顶板厚400mm

| 建筑体积 | | 16.38m³ | | 混凝土体积 | | 9.15m³ | |
|---|---|---|---|---|---|---|---|
| 项目 | 单位 | 构筑物 | 占指标基价的% | 折合指标 | | | |
| | | | | 建筑体积(元/m³) | | 混凝土体积(元/m³) | |
| 1.指标基价 | 元 | 57827 | 100.00% | 3530.34 | | 6319.89 | |
| 2.建筑安装工程费 | 元 | 54812 | 94.79% | 3346.28 | | 5990.38 | |
| 2.1建筑工程费 | 元 | 37299 | 64.50% | 2277.11 | | 4076.39 | |
| 2.2安装工程费 | 元 | 17513 | 30.29% | 1069.17 | | 1914.00 | |
| 3.设备购置费 | 元 | 3015 | 5.21% | 184.07 | | 329.51 | |
| 3.1电气工程 | 元 | 2965 | | | | | |
| 3.2通风工程 | 元 | 50 | | | | | |

### 土建主要工程数量和主要工料数量

| 主要工程数量 | | | | 主要工料数量 | | | |
|---|---|---|---|---|---|---|---|
| 项目 | 单位 | 数量 | 建筑体积指标(每 m³) | 项目 | 单位 | 数量 | 建筑体积指标(每 m³) |
| 土方开挖 | m³ | 75.866 | 4.632 | 土建人工 | 工日 | 94.492 | 5.769 |
| 混凝土垫层 | m³ | 0.762 | 0.047 | 商品混凝土 | m³ | 8.994 | 0.549 |
| 钢筋混凝土底板 | m³ | 3.069 | 0.187 | 钢材 | t | 1.587 | 0.097 |
| 钢筋混凝土侧墙 | m³ | 3.112 | 0.190 | 木材 | m³ | 0.003 | 0.000 |
| 钢筋混凝土顶板 | m³ | 2.967 | 0.181 | 砂 | t | 2.441 | 0.149 |
| | | | | 豆石 | t | 1.774 | 0.108 |
| | | | | 其他材料费 | 元 | 884.57 | 54.003 |
| | | | | 机械使用费 | 元 | 2700.59 | 164.871 |

### 主要设备数量(734m)

| 项目及规格 | 单位 | 数　量 |
|---|---|---|
| 一、电气工程 | | |
| 干式变压器 | 台 | 2 |
| 10kV负荷开关柜 | 面 | 5 |
| 低压配电柜 | 面 | 5 |
| 风机配电控制柜 | 面 | 1 |
| 火灾报警控制器 | 面 | 1 |
| 复合型空气监测器 | 套 | 10 |
| 手动火灾报警按钮 | 套 | 17 |
| PLC柜 | 面 | 1 |
| UPS柜 | 面 | 1 |
| 摄像机 | 套 | 21 |
| 紧急电话 | 个 | 67 |
| 井盖监控设备 | 套 | 156 |
| 二、通风工程 | | |
| 消防高温排烟风机 | 台 | 5 |
| 诱导风机 | 台 | 82 |

| 指标编号 | 1F－11 | | 构筑物名称 | | 标准段2舱 | |
|---|---|---|---|---|---|---|
| 结构特征:结构内径(3.4＋2.6)m×2.9m,底板厚400mm,外壁厚400mm,内壁厚400mm,顶板厚400mm | | | | | | |
| 建筑体积 | 17.40m³ | | 混凝土体积 | | 9.27m³ | |
| 项目 | 单位 | 构筑物 | 占指标基价的% | 折合指标 | | |
| | | | | 建筑体积(元/m³) | 混凝土体积(元/m³) | |
| 1.指标基价 | 元 | 59080 | 100.00% | 3395.40 | 6451.78 | |
| 2.建筑安装工程费 | 元 | 55772 | 94.40% | 3205.34 | 6016.50 | |
| 2.1建筑工程费 | 元 | 47612 | 80.59% | 2736.32 | 5136.14 | |
| 2.2安装工程费 | 元 | 8160 | 13.81% | 468.97 | 880.26 | |
| 3.设备购置费 | 元 | 3308 | 5.60% | 190.11 | 356.85 | |
| 3.1电气工程 | 元 | 3116 | | | | |
| 3.2通风工程 | 元 | 192 | | | | |

### 土建主要工程数量和主要工料数量

| 主要工程数量 | | | | 主要工料数量 | | | |
|---|---|---|---|---|---|---|---|
| 项目 | 单位 | 数量 | 建筑体积指标(每m³) | 项目 | 单位 | 数量 | 建筑体积指标(每m³) |
| 土方开挖 | m³ | 76.985 | 4.424 | 土建人工 | 工日 | 84.894 | 4.879 |
| 混凝土垫层 | m³ | 0.725 | 0.042 | 商品混凝土 | m³ | 9.503 | 0.546 |
| 钢筋混凝土底板 | m³ | 2.905 | 0.167 | 钢材 | t | 1.300 | 0.075 |
| 钢筋混凝土侧墙 | m³ | 3.460 | 0.199 | 级配砂石 | t | 10.378 | 0.596 |
| 钢筋混凝土顶板 | m³ | 2.905 | 0.167 | 中砂 | t | 3.932 | 0.226 |
| 井点降水 | 根 | 0.800 | 0.046 | 碎石 | t | 1.83 | 0.105 |
| | | | | 其他材料费 | 元 | 26.55 | 1.526 |
| | | | | 机械使用费 | 元 | 5193.11 | 298.45 |

### 主要设备数量(310.08m)

| 项目及规格 | 单位 | 数量 |
|---|---|---|
| 一、电气工程 | | |
| 箱式变电站 DXB10kV/50kV·A～10kV/125kV·A | 座 | 1 |
| 动力照明配电柜 | 面 | 4 |
| PLC柜 | 面 | 4 |
| UPS柜 | 面 | 4 |
| 火灾报警控制器 | 面 | 4 |
| 风机配电柜 | 面 | 4 |
| 复合型空气监测器 | 套 | 10 |
| 摄像机 | 套 | 10 |
| 红外线入侵探测器 | 套 | 10 |
| 手动火灾报警按钮 | 套 | 19 |
| 紧急电话 | 个 | 10 |
| 二、通风工程 | | |
| 立式消防排烟风机 | 台 | 14 |
| 诱导风机 | 台 | 104 |

| 指标编号 | | | 1F－12 | | 构筑物名称 | | 标准段2舱 | |
|---|---|---|---|---|---|---|---|---|

结构特征:结构内径(6.85＋2)m×4.2m,底板厚550mm,外壁厚500mm,内壁厚350mm,顶板厚500mm

| 建筑体积 | | | 53.55m³ | | 混凝土体积 | | 16.47m³ | |
|---|---|---|---|---|---|---|---|---|
| 项目 | 单位 | | 构筑物 | 占指标基价的% | 折合指标 | | | |
| | | | | | 建筑体积(元/m³) | | 混凝土体积(元/m³) | |
| 1.指标基价 | 元 | | 61582 | 100% | 1149.99 | | 3739.04 | |
| 2.建筑安装工程费 | 元 | | 56212 | 91.28% | 1049.71 | | 3412.99 | |
| 2.1 建筑工程费 | 元 | | 51817 | 84.14% | 967.64 | | 3146.14 | |
| 2.2 安装工程费 | 元 | | 4395 | 7.14% | 82.07 | | 266.85 | |
| 3.设备购置费 | 元 | | 5370 | 8.72% | 100.28 | | 326.05 | |
| 3.1 给排水消防 | 元 | | 370 | | | | | |
| 3.2 电气工程 | 元 | | 2779 | | | | | |
| 3.3 自控仪表 | 元 | | 1390 | | | | | |
| 3.4 火灾报警 | 元 | | 632 | | | | | |
| 3.5 光纤电话 | 元 | | 25 | | | | | |
| 3.6 通风工程 | 元 | | 174 | | | | | |

土建主要工程数量和主要工料数量

| 主要工程数量 | | | | 主要工料数量 | | | |
|---|---|---|---|---|---|---|---|
| 项目 | 单位 | 数量 | 建筑体积指标(每m³) | 项目 | 单位 | 数量 | 建筑体积指标(每m³) |
| 土方开挖 | m³ | 141.967 | 2.651 | 土建人工 | 工日 | 91.490 | 1.708 |
| 混凝土垫层 | m³ | 2.119 | 0.040 | 商品混凝土 | m³ | 16.727 | 0.312 |
| 钢筋混凝土底板 | m³ | 5.654 | 0.106 | 钢材 | t | 2.732 | 0.051 |
| 钢筋混凝土侧墙 | m³ | 6.343 | 0.118 | 木材 | m³ | 0.070 | 0.001 |
| 钢筋混凝土顶板 | m³ | 4.469 | 0.083 | 砂 | t | 2.723 | 0.051 |
| 井点降水 | 根 | 1.67 | 0.031 | 其他材料费 | 元 | 4270.21 | 79.742 |
| | | | | 机械使用费 | 元 | 6513.88 | 121.641 |

设备主要数量(1430m)

| 项目及规格 | 单位 | 数量 |
|---|---|---|
| 一、给排水消防 | | |
| 排水泵30m³/hr,15m | 套 | 84 |
| 排水泵30m³/hr,30m | 套 | 15 |
| 磷酸铵盐干粉灭火器4kg | 套 | 123 |
| 二、电气工程 | | |
| 10kV 高压柜 | 台 | 6 |
| 埋地式变压器160kV·A | 台 | 1 |

| 项目及规格 | 单位 | 数　量 |
|---|---|---|
| 低压配电柜 | 台 | 2 |
| 低压配电控制箱 | 台 | 3 |
| EPS | 套 | 3 |
| 照明配电控制箱 | 台 | 3 |
| 排水泵控制箱 | 套 | 49 |
| 工业专用插座箱 | 套 | 99 |
| 三、自控仪表 | | |
| 分变电所现场通讯箱 | 套 | 1 |
| 现场自控箱 ACU | 套 | 3 |
| 温湿度监测仪 | 套 | 15 |
| 有毒气体检测仪 | 套 | 15 |
| 氧气监测仪 | 套 | 15 |
| IP 摄像机 | 套 | 37 |
| 红外对射装置 | 个 | 37 |
| 四、火灾报警 | | |
| 火灾报警上位机 | 台 | 1 |
| 火灾报警主机柜 | 套 | 1 |
| 光电式感烟探测器 | 个 | 15 |
| 点型差定温探测器 | 个 | 7 |
| 分变电所区域火灾报警箱 | 套 | 1 |
| 现场消防箱 | 套 | 3 |
| 警铃 | 个 | 67 |
| 五、光纤电话 | | |
| 智能编程紧急电话话务台 | 套 | 1 |
| 电话系统通讯机柜 | 套 | 1 |
| 光纤紧急电话机 | 台 | 7 |
| 光纤紧急电话机接入卡 | 块 | 7 |
| 光纤紧急电话副机 | 台 | 20 |
| 六、通风系统 | | |
| 屋顶式排烟风机 DWT－Ⅰ型　76700m³/h | 台 | 2 |
| 屋顶式排烟风机 DWT－Ⅰ型　60000m³/h | 台 | 6 |
| 屋顶式排烟风机 DWT－Ⅰ型　40000m³/h | 台 | 7 |
| 电动排烟防火阀 1200×1200 | 个 | 7 |
| 电动排烟防火阀 1500×1500 | 个 | 8 |

| 指标编号 | 1F－13 | | 构筑物名称 | | 标准段2舱 | |
|---|---|---|---|---|---|---|
| 结构特征:结构内径(2.7＋3.45)m×3.45m,底板厚500mm,外壁厚400mm,内壁厚300mm,顶板厚400mm | | | | | | |
| 建筑体积 | | 21.22m³ | | 混凝土体积12.62m³ | | |
| 项目 | 单位 | 构筑物 | 占指标基价的% | 折合指标 | | |
| | | | | 建筑体积(元/m³) | 混凝土体积(元/m³) | |
| 1.指标基价 | 元 | 96613 | 100% | 4554.05 | 7655.56 | |
| 2.建筑安装工程费 | 元 | 88928 | 92.05% | 4191.81 | 7046.63 | |
| 2.1建筑工程费 | 元 | 72194 | 74.72% | 3403.00 | 5720.60 | |
| 2.2安装工程费 | 元 | 16734 | 23.18% | 788.81 | 1326.26 | |
| 3.设备购置费 | 元 | 7685 | 7.95% | 362.24 | 608.94 | |
| 3.1消防工程 | 元 | 1458 | | | | |
| 3.2电气工程 | 元 | 1996 | | | | |
| 3.3通讯工程 | 元 | 768 | | | | |
| 3.4通风工程 | 元 | 519 | | | | |
| 3.5排水工程 | 元 | 184 | | | | |
| 3.6火灾报警 | 元 | 562 | | | | |
| 3.7自控仪表工程 | 元 | 2198 | | | | |

土建主要工程数量和主要工料数量

| 主要工程数量 | | | | 主要工料数量 | | | |
|---|---|---|---|---|---|---|---|
| 项目 | 单位 | 数量 | 建筑体积指标(每 m³) | 项目 | 单位 | 数量 | 建筑体积指标(每 m³) |
| 土方开挖 | m³ | 75.8 | 3.573 | 土建人工 | 工日 | 160.687 | 7.574 |
| 混凝土垫层 | m³ | 0.745 | 0.035 | 商品混凝土 | m³ | 14.861 | 0.700 |
| 钢筋混凝土底板 | m³ | 3.625 | 0.171 | 钢材 | t | 3.790 | 0.179 |
| 钢筋混凝土侧墙 | m³ | 4.875 | 0.230 | 木材 | m³ | 0.049 | 0.002 |
| 钢筋混凝土顶板 | m³ | 4.290 | 0.202 | 砂 | t | 0.260 | 0.012 |
| 井点降水－深井 | 根 | 0.067 | 0.003 | | | | |
| 钢板桩 | t | 15.167 | 0.715 | | | | |
| 预制方桩0.4×0.4 | m | 21.627 | 1.019 | 其他材料费 | 元 | 572.16 | 26.97 |
| | | | | 机械使用费 | 元 | 11751.12 | 553.91 |

主要设备数量(3800m)

| 项目及规格 | 单位 | 数量 |
|---|---|---|
| 一、消防工程 | | |
| 细水雾灭火装置 | 套 | 1 |
| 箱式中压分区控制阀组 | 套 | 8 |
| 二、电气工程 | | |
| 箱式变电站(SC10－315kV·A) | 座 | 4 |
| 动力照明配电箱 | 台 | 23 |
| 检修插座箱 | 台 | 140 |
| 检修照明箱 | 台 | 12 |

| 项目及规格 | 单位 | 数　　量 |
|---|---|---|
| 风机按钮盒 | 台 | 50 |
| 风机控制箱 | 台 | 27 |
| 应急照明配电箱 | 台 | 23 |
| 三、通信工程 | | |
| 中心服务器系统 | 套 | 1 |
| 数字光端机 | 台 | 25 |
| 网络交换机 | 台 | 25 |
| 红外智能球型摄像机 | 台 | 8 |
| 主动红外探测器 | 台 | 48 |
| 有线对讲话站 | 台 | 25 |
| 净化电源 UPS | 台 | 25 |
| 内通系统主机(含 IP 电话终端许可、中控室终端、系统维护软件) | 套 | 1 |
| 核心交换机 3 层、96 口 | 台 | 1 |
| 四、通风工程 | | |
| 轴流风机 15kW | 台 | 23 |
| 轴流风机 2.2kW | 台 | 23 |
| 五、排水工程 | | |
| 潜污泵 50WQ20 - 15 - 2.2 | 台 | 17 |
| 潜污泵 50WQ20 - 20 - 4 | 台 | 56 |
| 六、火灾报警工程 | | |
| 火灾报警控制器 | 套 | 1 |
| 测温光纤主机 | 套 | 1 |
| 测温光纤 | m | 11880 |
| 七、自控工程 | | |
| 数据监控主站 | 套 | 1 |
| 数据现场采集站 | 套 | 13 |
| UPS 电源 | 套 | 5 |
| 中心交换机 | 台 | 1 |
| 温湿度变速器 | 台 | 198 |
| 氧气含量检测仪 | 台 | 198 |
| 便携式四合一气体含量检测仪 | 台 | 2 |

| 指标编号 | | | 1F－14 | 构筑物名称 | | 标准段4舱 | |
|---|---|---|---|---|---|---|---|
| 结构特征:结构内径(2.6＋2＋4.8＋4)m×2.9m,底板厚500mm,外壁厚400mm,内壁厚250mm,顶板厚500mm | | | | | | | |
| 建筑体积 | | | 38.86m³ | 混凝土体积 | | 21.11m³ | |
| 项目 | 单位 | | 构筑物 | 占指标基价的% | 折合指标 | | |
| | | | | | 建筑体积(元/m³) | | 混凝土体积(元/m³) |
| 1.指标基价 | 元 | | 144123 | 100.00% | 3708.78 | | 6827.24 |
| 2.建筑安装工程费 | 元 | | 131012 | 95.40% | 3371.38 | | 6206.16 |
| 2.1建筑工程费 | 元 | | 94598 | 66.75% | 2434.33 | | 4481.19 |
| 2.2安装工程费 | 元 | | 36414 | 28.65% | 937.06 | | 1724.96 |
| 3.设备购置费 | 元 | | 13111 | 4.60% | 337.39 | | 621.08 |
| 3.1给排水消防 | 元 | | 1571 | | | | |
| 3.2电气工程 | 元 | | 2023 | | | | |
| 3.3管廊监测 | 元 | | 2842 | | | | |
| 3.4通风工程 | 元 | | 1357 | | | | |
| 3.5管廊支架 | 元 | | 4488 | | | | |
| 3.6吊装设备、预埋套管及标识 | 元 | | 830 | | | | |

土建主要工程数量和主要工料数量

| 主要工程数量 | | | | 主要工料数量 | | | |
|---|---|---|---|---|---|---|---|
| 项目 | 单位 | 数量 | 建筑体积指标(每 m³) | 项目 | 单位 | 数量 | 建筑体积指标(每 m³) |
| 土方开挖 | m³ | 193.408 | 4.764 | 土建人工 | 工日 | 158.260 | 3.898 |
| 混凝土垫层 | m³ | 1.515 | 0.037 | 商品混凝土 | m³ | 36.737 | 0.905 |
| 钢筋混凝土底板 | m³ | 7.935 | 0.195 | 钢材 | t | 6.722 | 0.166 |
| 钢筋混凝土侧墙 | m³ | 5.094 | 0.125 | 木材 | m³ | 0.290 | 0.007 |
| 钢筋混凝土顶板 | m³ | 8.083 | 0.199 | 砂 | t | 3.565 | 0.088 |
| 井点降水无缝钢管45×3 | m | 3.069 | 0.076 | 其他材料费 | 元 | 1566.95 | 38.60 |
| 桩锚支护(围护长度)(16491元/m) | m | 0.939 | 0.023 | 机械使用费 | 元 | 5757.97 | 141.83 |

设备主要数量(827.8m)

| 项目及规格 | 单位 | 数量 |
|---|---|---|
| 一、给排水消防 | | |
| NP3102SH255潜水泵 | 台 | 43 |
| 二、电气工程 | | |
| 2x250kV·A照明箱式变电站 | 座 | 2 |
| 动力配电柜 | 台 | 17 |
| 水泵控制箱 | 台 | 25 |
| 照明配电箱 | 台 | 25 |
| 三、管廊监测 | | |
| CO有害气体检测仪 | 台 | 10 |
| 可燃气体传感器 | 台 | 10 |
| 氧气传感器 | 台 | 10 |
| 四、通风工程 | | |
| 排风机 | 台 | 30 |
| 诱导风机 | 台 | 279 |
| 五、管廊支架 | | |
| 电缆支架(不导磁) | t | 43 |

| 指标编号 | | 1F-15 | 构筑物名称 | | 标准段4舱 | |
|---|---|---|---|---|---|---|
| 结构特征:结构内径(2.6+2+4+4)m×2.9m,底板厚500mm,外壁厚400mm,内壁厚250mm,顶板厚500mm | | | | | | |
| 建筑体积 | | 36.54m³ | 混凝土体积 | | 24.52m³ | |
| 项目 | 单位 | 构筑物 | 占指标基价的% | 折合指标 | | |
| | | | | 建筑体积(元/m³) | | 混凝土体积(元/m³) |
| 1.指标基价 | 元 | 158736 | 100.00% | 4344.17 | | 6473.74 |
| 2.建筑安装工程费 | 元 | 140225 | 95.40% | 3837.58 | | 5718.80 |
| 2.1建筑工程费 | 元 | 108161 | 66.75% | 2960.07 | | 4411.13 |
| 2.2安装工程费 | 元 | 32064 | 28.65% | 877.50 | | 1307.67 |
| 3.设备购置费 | 元 | 18511 | 4.60% | 506.60 | | 754.93 |
| 3.1电气工程 | 元 | 3994 | | | | |
| 3.2管廊监测 | 元 | 9831 | | | | |
| 3.3通风工程 | 元 | 1176 | | | | |
| 3.4管廊支架 | 元 | 3510 | | | | |

### 土建主要工程数量和主要工料数量

| 主要工程数量 | | | | 主要工料数量 | | | |
|---|---|---|---|---|---|---|---|
| 项目 | 单位 | 数量 | 建筑体积指标(每m³) | 项目 | 单位 | 数量 | 建筑体积指标(每m³) |
| 土方开挖 | m³ | 199.070 | 5.448 | 土建人工 | 工日 | 192.379 | 5.265 |
| 混凝土垫层 | m³ | 1.635 | 0.045 | 商品混凝土 | m³ | 36.448 | 0.997 |
| 钢筋混凝土底板 | m³ | 9.450 | 0.259 | 钢材 | t | 6.389 | 0.175 |
| 钢筋混凝土侧墙 | m³ | 5.589 | 0.153 | 木材 | m³ | 0.286 | 0.008 |
| 钢筋混凝土顶板 | m³ | 9.482 | 0.259 | 砂 | t | 1.251 | 0.034 |
| 井点降水 | 根 | 1.330 | 0.036 | 碎(砾)石 | t | 12.045 | 0.330 |
| 桩锚支护(围护长度)(38138元/m) | m | 1.000 | 0.027 | 钢制防火门 | m² | 0.083 | 0.002 |
| 地基加固(换填) | m | 0.660 | 0.018 | 防盗井盖 | 座 | 0.009 | 0.000 |
| | | | | 其他材料费 | 元 | 1423.76 | 38.96 |
| | | | | 机械使用费 | 元 | 15047.56 | 411.81 |

### 设备主要数量(1217.5m)

| 项目及规格 | 单位 | 数量 |
|---|---|---|
| 一、给排水消防 | | |
| NP3102SH255潜水泵 | 台 | 51 |
| 二、电气工程 | | |
| 2x250kV·A照明箱式变电站 | 座 | 4 |
| 动力配电柜 | 台 | 13 |
| 风机控制箱 | 台 | 96 |
| 照明配电箱 | 台 | 48 |
| 三、管廊监测 | | |
| 光纤分布式测温主机6公里6通道 | 台 | 2 |
| 隧道环境监测通用采集器 | 台 | 193 |
| CO有害气体检测仪 | 台 | 39 |
| H₂S有害气体检测仪 | 台 | 39 |
| CH₄可燃气体传感器 | 台 | 39 |
| 氧气传感器 | 台 | 39 |
| 四、通风工程 | | |
| 轴流风机 | 台 | 384 |
| 五、管廊支架 | t | 132.23 |

| 指标编号 | 1F-16 | 构筑物名称 | 标准段4舱过河段 |
|---|---|---|---|

结构特征:结构内径(2.6+2+3.9+3.9)m×2.9m,底板厚500mm,外壁厚400mm,内壁厚250mm,顶板厚500mm

| 建筑体积 | 35.96m³ | 混凝土体积 | 23.39m³ |
|---|---|---|---|

| 项目 | 单位 | 构筑物 | 占指标基价的% | 折合指标 | |
|---|---|---|---|---|---|
| | | | | 建筑体积(元/m³) | 混凝土体积(元/m³) |
| 1.指标基价 | 元 | 228086 | 100.00% | 6342.77 | 9751.43 |
| 2.建筑安装工程费 | 元 | 209575 | 95.40% | 5828.00 | 8960.03 |
| 2.1 建筑工程费 | 元 | 177511 | 66.75% | 4936.35 | 7589.18 |
| 2.2 安装工程费 | 元 | 32064 | 28.65% | 891.66 | 1370.84 |
| 3.设备购置费 | 元 | 18511 | 4.60% | 514.77 | 791.40 |
| 3.1 电气工程 | 元 | 3994 | | | |
| 3.2 管廊监测 | 元 | 9831 | | | |
| 3.3 通风工程 | 元 | 1176 | | | |
| 3.4 管廊支架 | 元 | 3510 | | | |

土建主要工程数量和主要工料数量

| 主要工程数量 | | | | 主要工料数量 | | | |
|---|---|---|---|---|---|---|---|
| 项目 | 单位 | 数量 | 建筑体积指标(每 m³) | 项目 | 单位 | 数量 | 建筑体积指标(每 m³) |
| 土方开挖 | m³ | 148.600 | 4.132 | 土建人工 | 工日 | 303.180 | 8.431 |
| 混凝土垫层 | m³ | 1.630 | 0.045 | 商品混凝土 | m³ | 35.596 | 0.990 |
| 钢筋混凝土底板 | m³ | 8.490 | 0.236 | 钢材 | t | 7.787 | 0.217 |
| 钢筋混凝土侧墙 | m³ | 6.410 | 0.178 | 木材 | m³ | 0.261 | 0.007 |
| 钢筋混凝土顶板 | m³ | 8.490 | 0.236 | 砂 | t | 27.364 | 0.761 |
| 井点降水 | 根 | 1.330 | 0.037 | 碎(砾)石 | t | 3.857 | 0.107 |
| 桩锚支护(围护长度)(38138 元/m) | m | 2.000 | 0.056 | 其他材料费 | 元 | 2010.32 | 55.90 |
| | | | | 机械使用费 | 元 | 36406.17 | 1012.41 |

设备主要数量(165m)

| 项目及规格 | 单位 | 数量 |
|---|---|---|
| 一、给排水消防 | | |
| NP3102SH255 潜水泵 | 台 | 7 |
| 二、电气工程 | | |
| 动力配电柜 | 台 | 2 |
| 风机控制箱 | 台 | 96 |
| 照明配电箱 | 台 | 7 |
| 三、管廊监测 | | |
| 隧道环境监测通用采集器 | 台 | 26 |
| CO 有害气体检测仪 | 台 | 5 |
| H2S 有害气体检测仪 | 台 | 5 |
| CH4 可燃气体传感器 | 台 | 5 |
| 氧气传感器 | 台 | 5 |
| 四、通风工程 | | |
| 轴流风机 | 台 | 52 |
| 五、管廊支架 | t | 17.92 |

| 指标编号 | 1F-17 | | 构筑物名称 | 标准段7舱 | |
|---|---|---|---|---|---|

结构特征:结构内径(2.6+2+4.7)m×(0.38~4.48)m+(2.6+2+4.7)m×2.9m+3.9×2.9m,底板厚600mm,外壁厚400mm,内壁厚250mm,顶板厚600mm

| 建筑体积 | | 49.78m³ | 混凝土体积 | 33.18m³ | |
|---|---|---|---|---|---|
| 项目 | 单位 | 构筑物 | 占指标基价的% | 折合指标 | |
| | | | | 建筑体积(元/m³) | 混凝土体积(元/m³) |
| 1.指标基价 | 元 | 268122 | 100.00% | 5386.14 | 8080.83 |
| 2.建筑安装工程费 | 元 | 255011 | 95.40% | 5122.76 | 7685.68 |
| 2.1建筑工程费 | 元 | 218597 | 66.75% | 4391.26 | 6588.22 |
| 2.2安装工程费 | 元 | 36414 | 28.65% | 731.50 | 1097.47 |
| 3.设备购置费 | 元 | 13111 | 4.60% | 263.38 | 395.15 |
| 3.1给排水消防 | 元 | 1571 | | | |
| 3.2电气工程 | 元 | 2023 | | | |
| 3.3管廊监测 | 元 | 2842 | | | |
| 3.4通风工程 | 元 | 1357 | | | |
| 3.5管廊支架 | 元 | 4488 | | | |
| 3.6吊装设备、预埋套管及标识 | 元 | 830 | | | |

土建主要工程数量和主要工料数量

| 主要工程数量 | | | | 主要工料数量 | | | |
|---|---|---|---|---|---|---|---|
| 项目 | 单位 | 数量 | 建筑体积指标(每m³) | 项目 | 单位 | 数量 | 建筑体积指标(每m³) |
| 土方开挖 | m³ | 401.055 | 8.057 | 土建人工 | 工日 | 370.247 | 7.438 |
| 混凝土垫层 | m³ | 1.665 | 0.033 | 商品混凝土 | m³ | 69.949 | 1.405 |
| 钢筋混凝土底板 | m³ | 10.217 | 0.205 | 钢材 | t | 12.973 | 0.261 |
| 钢筋混凝土侧墙 | m³ | 9.991 | 0.201 | 木材 | m³ | 0.438 | 0.009 |
| 钢筋混凝土顶板 | m³ | 12.976 | 0.261 | 砂 | t | 6.521 | 0.131 |
| 井点降水无缝钢管45×3 | m | 4.459 | 0.090 | 其他材料费 | 元 | 2615.23 | 52.54 |
| 桩锚支护(围护长度)(66223元/m) | m | 1.618 | 0.033 | 机械使用费 | 元 | 17823.81 | 358.07 |

设备主要数量(165m)

| 项目及规格 | 单位 | 数量 |
|---|---|---|
| 一、给排水消防 | | |
| NP3102SH255潜水泵 | 台 | 9 |
| 二、电气工程 | | |
| 动力配电柜 | 台 | 3 |
| 水泵控制箱 | 台 | 5 |
| 照明配电箱 | 台 | 5 |
| 三、管廊监测 | | |
| CO有害气体检测仪 | 台 | 2 |
| 可燃气体传感器 | 台 | 2 |
| 氧气传感器 | 台 | 2 |
| 四、通风工程 | | |
| 排风机 | 台 | 6 |
| 诱导风机 | 台 | 57 |
| 五、管廊支架 | | |
| 电缆支架(不导磁) | t | 9 |

# 2.2 吊 装 口

单位：m

| 指标编号 | 2F-01 | | 构筑物名称 | 吊装口 | |
|---|---|---|---|---|---|
| 结构特征：底板厚400mm，壁板厚400mm，顶板厚400mm | | | | | |
| 建筑体积 | 21.21m³ | | 混凝土体积 | 10.18m³ | |
| 项目 | 单位 | 构筑物 | 占指标基价的% | 折合指标 | |
| | | | | 建筑体积（元/m³） | 混凝土体积（元/m³） |
| 指标基价 | 元 | 30316 | 100% | 1429.30 | 2977.48 |
| 土建主要工程数量和主要工料数量 | | | | | |

| 主要工程数量 | | | | 主要工料数量 | | | |
|---|---|---|---|---|---|---|---|
| 项目 | 单位 | 数量 | 建筑体积指标（每m³） | 项目 | 单位 | 数量 | 建筑体积指标（每m³） |
| 土方开挖 | m³ | 60.000 | 2.829 | 土建人工 | 工日 | 72.852 | 3.435 |
| 混凝土垫层 | m³ | 0.680 | 0.032 | 商品混凝土 | m³ | 10.860 | 0.512 |
| 钢筋混凝土底板 | m³ | 2.600 | 0.123 | 钢材 | t | 1.130 | 0.053 |
| 钢筋混凝土侧墙 | m³ | 3.429 | 0.162 | 木材 | m³ | 0.001 | 0.000 |
| 钢筋混凝土顶板 | m³ | 4.150 | 0.196 | 砂 | t | 1.434 | 0.068 |
| | | | | 豆石 | t | 0.003 | 0.000 |
| | | | | 其他材料费 | 元 | 543.75 | 25.64 |
| | | | | 机械使用费 | 元 | 3545.44 | 167.16 |

单位：m

| 指标编号 | 2F-02 | | 构筑物名称 | 吊装口 | |
|---|---|---|---|---|---|
| 结构特征：底板厚300mm，壁板厚300mm，顶板厚300mm | | | | | |
| 建筑体积 | 11.60m³ | | 混凝土体积 | 6.20m³ | |
| 项目 | 单位 | 构筑物 | 占指标基价的% | 折合指标 | |
| | | | | 建筑体积（元/m³） | 混凝土体积（元/m³） |
| 指标基价 | 元 | 32880 | 100% | 2834.50 | 5303.47 |
| 土建主要工程数量和主要工料数量 | | | | | |

| 主要工程数量 | | | | 主要工料数量 | | | |
|---|---|---|---|---|---|---|---|
| 项目 | 单位 | 数量 | 建筑体积指标（每m³） | 项目 | 单位 | 数量 | 建筑体积指标（每m³） |
| 土方开挖 | m³ | 45.560 | 3.928 | 土建人工 | 工日 | 69.475 | 5.989 |
| 混凝土垫层 | m³ | 0.495 | 0.043 | 商品混凝土 | m³ | 6.475 | 0.558 |
| 钢筋混凝土底板 | m³ | 1.229 | 0.106 | 钢材 | t | 0.883 | 0.076 |
| 钢筋混凝土侧墙 | m³ | 4.140 | 0.357 | 级配砂石 | t | 8.165 | 0.704 |
| 钢筋混凝土顶板 | m³ | 0.831 | 0.072 | 中砂 | t | 21.863 | 1.885 |
| 井点降水 | 根 | 0.823 | 0.071 | 碎石 | t | 1.230 | 0.106 |
| | | | | 其他材料费 | 元 | 248.28 | 21.40 |
| | | | | 机械使用费 | 元 | 4568.36 | 393.82 |

| 指标编号 | | 2F－03 | | 构筑物名称 | | 吊装口 | |
|---|---|---|---|---|---|---|---|
| 结构特征:底板厚300mm,壁板厚300mm,顶板厚300mm | | | | | | | |
| 建筑体积 | | 19.14m³ | | 混凝土体积 | | 8.49m³ | |
| 项目 | 单位 | 构筑物 | | 占指标基价的% | 折合指标 | | |
| | | | | | 建筑体积(元/m³) | | 混凝土体积(元/m³) |
| 指标基价 | 元 | 41463 | | 100% | 2166.28 | | 4882.07 |
| 土建主要工程数量和主要工料数量 | | | | | | | |
| 主要工程数量 | | | | 主要工料数量 | | | |
| 项目 | 单位 | 数量 | 建筑体积指标(每m³) | 项目 | 单位 | 数量 | 建筑体积指标(每m³) |
| 土方开挖 | m³ | 72.025 | 3.763 | 土建人工 | 工日 | 85.376 | 4.461 |
| 混凝土垫层 | m³ | 0.906 | 0.047 | 商品混凝土 | m³ | 8.830 | 0.461 |
| 钢筋混凝土底板 | m³ | 2.296 | 0.120 | 钢材 | t | 1.208 | 0.063 |
| 钢筋混凝土侧墙 | m³ | 4.366 | 0.228 | 级配砂石 | t | 12.902 | 0.674 |
| 钢筋混凝土顶板 | m³ | 1.831 | 0.096 | 中砂 | t | 27.600 | 1.442 |
| 井点降水 | 根 | 0.793 | 0.041 | 碎石 | t | 2.327 | 0.122 |
| | | | | 其他材料费 | 元 | 459.67 | 24.02 |
| | | | | 机械使用费 | 元 | 5114.65 | 267.22 |

| 指标编号 | | 2F－04 | | 构筑物名称 | | 吊装口 | |
|---|---|---|---|---|---|---|---|
| 结构特征:底板厚400mm,壁板厚400mm,顶板厚300mm | | | | | | | |
| 建筑体积 | | 31.86m³ | | 混凝土体积 | | 11.53m³ | |
| 项目 | 单位 | 构筑物 | | 占指标基价的% | 折合指标 | | |
| | | | | | 建筑体积(元/m³) | | 混凝土体积(元/m³) |
| 指标基价 | 元 | 42712 | | 100% | 1340.61 | | 3704.42 |
| 土建主要工程数量和主要工料数量 | | | | | | | |
| 主要工程数量 | | | | 主要工料数量 | | | |
| 项目 | 单位 | 数量 | 建筑体积指标(每m³) | 项目 | 单位 | 数量 | 建筑体积指标(每m³) |
| 土方开挖 | m³ | 72.678 | 2.281 | 土建人工 | 工日 | 74.237 | 2.330 |
| 混凝土垫层 | m³ | 2.508 | 0.079 | 商品混凝土 | m³ | 11.864 | 0.372 |
| 钢筋混凝土底板 | m³ | 2.983 | 0.094 | 钢材 | t | 2.034 | 0.064 |
| 钢筋混凝土侧墙 | m³ | 6.712 | 0.211 | 木材 | m³ | 0.081 | 0.003 |
| 钢筋混凝土顶板 | m³ | 1.831 | 0.057 | 砂 | t | 1.831 | 0.057 |
| 井点降水 | 根 | 1.695 | 0.053 | 钢制防火门 | m² | 0.461 | 0.014 |
| | | | | 防盗井盖 | 座 | 0.068 | 0.002 |
| | | | | 其他材料费 | 元 | 5016.95 | 157.47 |
| | | | | 机械使用费 | 元 | 4271.19 | 134.06 |

| 指标编号 | 2F-05 | | 构筑物名称 | 吊装口 | | |
|---|---|---|---|---|---|---|
| 结构特征:底板厚400mm,壁板厚400mm,顶板厚400mm | | | | | | |
| 建筑体积 | 34.56m³ | | 混凝土体积 | | 14.58m³ | |
| 项目 | 单位 | 构筑物 | 占指标基价的% | 折合指标 | | |
| | | | | 建筑体积(元/m³) | 混凝土体积(元/m³) | |
| 指标基价 | 元 | 47608 | 100% | 1377.53 | 3265.26 | |

土建主要工程数量和主要工料数量

| 主要工程数量 | | | | 主要工料数量 | | | |
|---|---|---|---|---|---|---|---|
| 项目 | 单位 | 数量 | 建筑体积指标(每m³) | 项目 | 单位 | 数量 | 建筑体积指标(每m³) |
| 土方开挖 | m³ | 82.960 | 2.401 | 土建人工 | 工日 | 91.698 | 2.653 |
| 混凝土垫层 | m³ | 0.720 | 0.021 | 商品混凝土 | m³ | 16.776 | 0.485 |
| 钢筋混凝土底板 | m³ | 5.760 | 0.167 | 钢材 | t | 2.364 | 0.068 |
| 钢筋混凝土侧墙 | m³ | 5.940 | 0.172 | 木材 | m³ | 0.117 | 0.003 |
| 钢筋混凝土顶板 | m³ | 2.880 | 0.083 | 砂 | t | 1.326 | 0.038 |
| 土钉墙 | m² | 16.612 | 0.481 | | | | |
| 预制盖板 | m³ | 1.666 | 0.048 | | | | |
| | | | | 其他材料费 | 元 | 620.10 | 17.94 |
| | | | | 机械使用费 | 元 | 4163.50 | 120.47 |

| 指标编号 | 2F-06 | | 构筑物名称 | 吊装口 | | |
|---|---|---|---|---|---|---|
| 结构特征:底板厚500mm,壁板厚400mm,顶板厚300mm | | | | | | |
| 建筑体积 | 30.54m³ | | 混凝土体积 | | 15.56m³ | |
| 项目 | 单位 | 构筑物 | 占指标基价的% | 折合指标 | | |
| | | | | 建筑体积(元/m³) | 混凝土体积(元/m³) | |
| 指标基价 | 元 | 52028 | 100% | 1703.60 | 3343.70 | |

土建主要工程数量和主要工料数量

| 主要工程数量 | | | | 主要工料数量 | | | |
|---|---|---|---|---|---|---|---|
| 项目 | 单位 | 数量 | 建筑体积指标(每m³) | 项目 | 单位 | 数量 | 建筑体积指标(每m³) |
| 土方开挖 | m³ | 122.987 | 4.027 | 土建人工 | 工日 | 99.059 | 3.244 |
| 混凝土垫层 | m³ | 1.182 | 0.039 | 商品混凝土 | m³ | 18.123 | 0.593 |
| 钢筋混凝土底板 | m³ | 4.521 | 0.148 | 钢材 | t | 2.600 | 0.085 |
| 钢筋混凝土侧墙 | m³ | 6.207 | 0.203 | 木材 | m³ | 0.126 | 0.004 |
| 钢筋混凝土顶板 | m³ | 4.831 | 0.158 | 砂 | t | 1.433 | 0.047 |
| 土钉墙 | m² | 20.910 | 0.685 | 水泥 | kg | 1258.552 | 41.213 |
| 预制盖板 | m³ | 0.390 | 0.013 | 豆石 | t | 2.229 | 0.073 |
| | | | | 其他材料费 | 元 | 669.88 | 21.94 |
| | | | | 机械使用费 | 元 | 4497.73 | 147.28 |

| 指标编号 | | 2F-07 | 构筑物名称 | | 吊装口 | |
|---|---|---|---|---|---|---|
| 结构特征:底板厚500mm,壁板厚400mm,顶板厚300mm | | | | | | |
| 建筑体积 | | 30.91m³ | 混凝土体积 | | 14.13m³ | |
| 项目 | 单位 | 构筑物 | 占指标基价的% | 折合指标 | | |
| | | | | 建筑体积(元/m³) | | 混凝土体积(元/m³) |
| 指标基价 | 元 | 82921 | 100% | 2682.44 | | 5867.61 |
| 土建主要工程数量和主要工料数量 | | | | | | |
| 主要工程数量 | | | | 主要工料数量 | | |
| 项目 | 单位 | 数量 | 建筑体积指标(每m³) | 项目 | 单位 | 数量 | 建筑体积指标(每m³) |
| 土方开挖 | m³ | 84.1 | 2.721 | 土建人工 | 工日 | 172.964 | 5.595 |
| 混凝土垫层 | m³ | 0.893 | 0.029 | 商品混凝土 | m³ | 16.475 | 0.533 |
| 钢筋混凝土底板 | m³ | 4.275 | 0.138 | 钢材 | t | 4.119 | 0.133 |
| 钢筋混凝土侧墙 | m³ | 6.476 | 0.209 | 木材 | m³ | 0.115 | 0.004 |
| 钢筋混凝土顶板 | m³ | 3.382 | 0.109 | 砂 | t | 1.303 | 0.042 |
| 井点降水-深井 | 根 | 0.097 | 0.003 | | | | |
| 钢板桩 | m² | 15.955 | 0.516 | | | | |
| 预制方桩0.4×0.4 | m | 25.591 | 0.828 | | | | |
| 预制盖板 | m³ | 0.701 | 0.023 | | | | |
| | | | | 其他材料费 | 元 | 608.96 | 19.70 |
| | | | | 机械使用费 | 元 | 11333.24 | 366.62 |

| 指标编号 | | 2F-08 | 构筑物名称 | | 吊装口 | |
|---|---|---|---|---|---|---|
| 结构特征:底板厚550m,壁板厚500mm,顶板厚500mm | | | | | | |
| 建筑体积 | | 89.71m³ | 混凝土体积 | | 29.71m³ | |
| 项目 | 单位 | 构筑物 | 占指标基价的% | 折合指标 | | |
| | | | | 建筑体积(元/m³) | | 混凝土体积(元/m³) |
| 指标基价 | 元 | 96112 | 100% | 1071.36 | | 3235.01 |
| 土建主要工程数量和主要工料数量 | | | | | | |
| 主要工程数量 | | | | 主要工料数量 | | |
| 项目 | 单位 | 数量 | 建筑体积指标(每m³) | 项目 | 单位 | 数量 | 建筑体积指标(每m³) |
| 土方开挖 | m³ | 185.20 | 2.064 | 土建人工 | 工日 | 166.275 | 1.853 |
| 混凝土垫层 | m³ | 9.02 | 0.101 | 商品混凝土 | m³ | 29.706 | 0.331 |
| 钢筋混凝土底板 | m³ | 7.94 | 0.089 | 钢材 | t | 4.902 | 0.055 |
| 钢筋混凝土侧墙 | m³ | 13.73 | 0.153 | 木材 | m³ | 0.176 | 0.002 |
| 钢筋混凝土顶板 | m³ | 7.16 | 0.080 | 砂 | t | 4.314 | 0.048 |
| 井点降水 | 根 | 2.11 | 0.024 | 钢制防火门 | m² | 0.559 | 0.006 |
| | | | | 防盗井盖 | 座 | 0.196 | 0.002 |
| | | | | 其他材料费 | 元 | 8137.26 | 90.71 |
| | | | | 机械使用费 | 元 | 9117.65 | 101.64 |

| 指标编号 | 2F-09 | | | 构筑物名称 | | 吊装口 | |
|---|---|---|---|---|---|---|---|
| 结构特征:底板厚500mm,壁板厚700mm,顶板厚700mm | | | | | | | |
| 建筑体积 | 57.93m³ | | | 混凝土体积 | | 34.22m³ | |
| 项目 | 单位 | 构筑物 | | 占指标基价的% | 折合指标 | | |
| | | | | | 建筑体积(元/m³) | | 混凝土体积(元/m³) |
| 指标基价 | 元 | 102192 | | 100% | 1764.16 | | 2986.57 |
| 土建主要工程数量和主要工料数量 | | | | | | | |
| 主要工程数量 | | | | 主要工料数量 | | | |
| 项目 | 单位 | 数量 | 建筑体积指标(每m³) | 项目 | 单位 | 数量 | 建筑体积指标(每m³) |
| 土方开挖 | m³ | 124.800 | 2.154 | 土建人工 | 工日 | 198.558 | 3.428 |
| 混凝土垫层 | m³ | 3.040 | 0.052 | 商品混凝土 | m³ | 52.530 | 0.907 |
| 钢筋混凝土底板 | m³ | 12.857 | 0.222 | 钢材 | t | 8.712 | 0.150 |
| 钢筋混凝土侧墙 | m³ | 8.503 | 0.147 | 木材 | m³ | 0.374 | 0.006 |
| 钢筋混凝土顶板 | m³ | 12.857 | 0.222 | 砂 | t | 4.421 | 0.076 |
| 井点降水无缝钢管45×3 | m | 2.044 | 0.035 | 其他材料费 | 元 | 1254.56 | 21.66 |
| 桩锚支护(围护长度)(16491元/m) | m | 0.625 | 0.011 | 机械使用费 | 元 | 5255.08 | 90.72 |

| 指标编号 | 2F-10 | | | 构筑物名称 | | 吊装口 | |
|---|---|---|---|---|---|---|---|
| 结构特征:底板厚300mm,壁板厚300mm,顶板厚300mm | | | | | | | |
| 建筑体积 | 8.16m³ | | | 混凝土体积 | | 3.84m³ | |
| 项目 | 单位 | 构筑物 | | 占指标基价的% | 折合指标 | | |
| | | | | | 建筑体积(元/m³) | | 混凝土体积(元/m³) |
| 指标基价 | 元 | 11919 | | 100% | 1460.63 | | 3103.84 |
| 土建主要工程数量和主要工料数量 | | | | | | | |
| 主要工程数量 | | | | 主要工料数量 | | | |
| 项目 | 单位 | 数量 | 建筑体积指标(每m³) | 项目 | 单位 | 数量 | 建筑体积指标(每m³) |
| 钢筋混凝土底板 | m³ | 1.200 | 0.147 | 土建人工 | 工日 | 16.083 | 1.971 |
| 钢筋混凝土侧墙 | m³ | 1.440 | 0.176 | 商品混凝土 | m³ | 4.527 | 0.555 |
| 钢筋混凝土顶板 | m³ | 1.200 | 0.147 | 钢材 | t | 0.672 | 0.082 |
| | | | | 其他材料费 | 元 | 266.69 | 32.68 |
| | | | | 机械使用费 | 元 | 540.38 | 66.22 |

| 指标编号 | | 2F－11 | | 构筑物名称 | | 吊装口 | |
|---|---|---|---|---|---|---|---|
| 结构特征:底板厚500mm,壁板厚700mm,顶板厚700mm | | | | | | | |
| 建筑体积 | | 53.63m³ | | 混凝土体积 | | 27.84m³ | |
| 项目 | 单位 | 构筑物 | | 占指标基价的% | | 折合指标 | |
| | | | | | | 建筑体积(元/m³) | 混凝土体积(元/m³) |
| 指标基价 | 元 | 121174 | | 100% | | 2259.54 | 4351.90 |
| 土建主要工程数量和主要工料数量 | | | | | | | |
| 主要工程数量 | | | | 主要工料数量 | | | |
| 项目 | 单位 | 数量 | 建筑体积指标（每m³） | 项目 | 单位 | 数量 | 建筑体积指标（每m³） |
| 土方开挖 | m³ | 199.070 | 3.712 | 土建人工 | 工日 | 175.146 | 3.266 |
| 混凝土垫层 | m³ | 1.440 | 0.027 | 商品混凝土 | m³ | 38.889 | 0.725 |
| 钢筋混凝土底板 | m³ | 7.080 | 0.132 | 钢材 | t | 7.165 | 0.134 |
| 钢筋混凝土侧墙 | m³ | 9.437 | 0.176 | 木材 | m³ | 0.350 | 0.007 |
| 钢筋混凝土顶板 | m³ | 11.327 | 0.211 | 砂 | t | 1.251 | 0.023 |
| 井点降水 | 根 | 1.333 | 0.025 | 其他材料费 | 元 | 1282.31 | 23.91 |
| 桩锚支护(围护长度)（38138元/m） | m | 1.000 | 0.019 | 机械使用费 | 元 | 11312.50 | 210.94 |

| 指标编号 | | 2F－12 | | 构筑物名称 | | 吊装口 | |
|---|---|---|---|---|---|---|---|
| 结构特征:底板厚700mm,壁板厚600mm,顶板厚450mm | | | | | | | |
| 建筑体积 | | 106.54m³ | | 混凝土体积 | | 35.97m³ | |
| 项目 | 单位 | 构筑物 | | 占指标基价的% | | 折合指标 | |
| | | | | | | 建筑体积(元/m³) | 混凝土体积(元/m³) |
| 指标基价 | 元 | 123798 | | 100% | | 1162.04 | 3441.55 |
| 土建主要工程数量和主要工料数量 | | | | | | | |
| 主要工程数量 | | | | 主要工料数量 | | | |
| 项目 | 单位 | 数量 | 建筑体积指标（每m³） | 项目 | 单位 | 数量 | 建筑体积指标（每m³） |
| 土方开挖 | m³ | 200.150 | 1.879 | 土建人工 | 工日 | 299.017 | 2.807 |
| 喷射混凝土 | m³ | 2.320 | 0.022 | 商品混凝土 | m³ | 39.643 | 0.372 |
| 混凝土垫层 | m³ | 1.490 | 0.014 | 钢材 | t | 8.733 | 0.082 |
| 钢筋混凝土底板 | m³ | 10.430 | 0.098 | 木材 | m³ | 0.610 | 0.006 |
| 钢筋混凝土侧墙 | m³ | 13.040 | 0.122 | 中砂 | t | 1.875 | 0.018 |
| 钢筋混凝土板 | m³ | 10.594 | 0.099 | 碎石 | t | 1.890 | 0.018 |
| 钢筋混凝土柱 | m³ | 0.066 | 0.001 | 其他材料费 | 元 | 2297.32 | 21.653 |
| 钢筋混凝土板 | m³ | 0.625 | 0.006 | 机械使用费 | 元 | 10127.49 | 95.058 |

| 指标编号 | | 2F－13 | 构筑物名称 | | 吊装口 | |
|---|---|---|---|---|---|---|
| 结构特征:底板厚500mm,壁板厚400~900mm,顶板厚900mm | | | | | | |
| 建筑体积 | | 57.90m³ | 混凝土体积 | | 33.80m³ | |
| 项目 | 单位 | 构筑物 | 占指标基价的% | 折合指标 | | |
| | | | | 建筑体积(元/m³) | | 混凝土体积(元/m³) |
| 指标基价 | 元 | 126737 | 100% | 2188.90 | | 3750.10 |
| 土建主要工程数量和主要工料数量 | | | | | | |

| 主要工程数量 | | | | 主要工料数量 | | | |
|---|---|---|---|---|---|---|---|
| 项目 | 单位 | 数量 | 建筑体积指标(每m³) | 项目 | 单位 | 数量 | 建筑体积指标(每m³) |
| 土方开挖 | m³ | 199.070 | 3.438 | 土建人工 | 工日 | 189.676 | 3.276 |
| 混凝土垫层 | m³ | 1.440 | 0.025 | 商品混凝土 | m³ | 44.247 | 0.764 |
| 钢筋混凝土底板 | m³ | 7.080 | 0.122 | 钢材 | t | 8.222 | 0.142 |
| 钢筋混凝土侧墙 | m³ | 10.989 | 0.190 | 木材 | m³ | 0.452 | 0.008 |
| 钢筋混凝土顶板 | m³ | 15.727 | 0.272 | 砂 | t | 1.251 | 0.022 |
| 井点降水 | 根 | 1.333 | 0.023 | 其他材料费 | 元 | 1289.40 | 22.27 |
| 桩锚支护(围护长度)(38138元/m) | m | 1.000 | 0.017 | 机械使用费 | 元 | 11620.18 | 200.69 |

| 指标编号 | | 2F－14 | 构筑物名称 | | 吊装口 | |
|---|---|---|---|---|---|---|
| 结构特征:底板厚500mm,壁板厚900mm,顶板厚900mm | | | | | | |
| 建筑体积 | | 62.69m³ | 混凝土体积 | | 39.92m³ | |
| 项目 | 单位 | 构筑物 | 占指标基价的% | 折合指标 | | |
| | | | | 建筑体积(元/m³) | | 混凝土体积(元/m³) |
| 指标基价 | 元 | 134392 | 100% | 2143.64 | | 3366.48 |
| 土建主要工程数量和主要工料数量 | | | | | | |

| 主要工程数量 | | | | 主要工料数量 | | | |
|---|---|---|---|---|---|---|---|
| 项目 | 单位 | 数量 | 建筑体积指标(每m³) | 项目 | 单位 | 数量 | 建筑体积指标(每m³) |
| 土方开挖 | m³ | 138.667 | 2.212 | 土建人工 | 工日 | 238.878 | 3.810 |
| 混凝土垫层 | m³ | 3.040 | 0.048 | 商品混凝土 | m³ | 60.303 | 0.962 |
| 钢筋混凝土底板 | m³ | 15.000 | 0.239 | 钢材 | t | 9.707 | 0.155 |
| 钢筋混凝土侧墙 | m³ | 9.920 | 0.158 | 木材 | m³ | 0.443 | 0.007 |
| 钢筋混凝土顶板 | m³ | 15.000 | 0.239 | 砂 | t | 9.242 | 0.147 |
| 井点降水 无缝钢管45×3 | m | 2.044 | 0.033 | 其他材料费 | 元 | 2192.14 | 34.97 |
| 桩锚支护(围护长度)(16491元/m) | m | 0.625 | 0.010 | 机械使用费 | 元 | 5258.31 | 83.87 |

# 2.3 通 风 口

单位:m

| 指标编号 | 3F-01 | | 构筑物名称 | 通风口 | |
|---|---|---|---|---|---|
| 结构特征:底板厚500mm,壁板厚400mm,顶板厚300mm | | | | | |
| 建筑体积 | 32.62m³ | | 混凝土体积 | 1.18m³ | |
| 项目 | 单位 | 构筑物 | 占指标基价的% | 折合指标 | |
| | | | | 建筑体积(元/m³) | 混凝土体积(元/m³) |
| 指标基价 | 元 | 33181 | 100% | 1024.12 | 3250.66 |

土建主要工程数量和主要工料数量

| 主要工程数量 | | | | 主要工料数量 | | | |
|---|---|---|---|---|---|---|---|
| 项目 | 单位 | 数量 | 建筑体积指标<br>(每m³) | 项目 | 单位 | 数量 | 建筑体积指标<br>(每m³) |
| 土方开挖 | m³ | 75.343 | 2.310 | 土建人工 | 工日 | 97.085 | 2.977 |
| 混凝土垫层 | m³ | 0.063 | 0.002 | 商品混凝土 | m³ | 1.360 | 0.042 |
| 钢筋混凝土底板 | m³ | 0.294 | 0.009 | 钢材 | t | 2.019 | 0.062 |
| 钢筋混凝土侧墙 | m³ | 0.649 | 0.020 | 木材 | m³ | 0.012 | 0.000 |
| 钢筋混凝土顶板 | m³ | 0.235 | 0.007 | 砂 | t | 0.071 | 0.002 |
| 井点降水-深井 | 根 | 0.075 | 0.002 | | | | |
| 钢板桩 | t | 16.402 | 0.503 | | | | |
| 预制方桩0.4×0.4 | m | 26.312 | 0.807 | | | | |
| | | | | 其他材料费 | 元 | 43.93 | 1.35 |
| | | | | 机械使用费 | 元 | 8820.75 | 270.45 |

单位:m

| 指标编号 | 3F-02 | | 构筑物名称 | 通风口 | |
|---|---|---|---|---|---|
| 结构特征:底板厚400mm,壁板厚400mm,顶板厚300mm | | | | | |
| 建筑体积 | 28.89m³ | | 混凝土体积 | 12.91m³ | |
| 项目 | 单位 | 构筑物 | 占指标基价的% | 折合指标 | |
| | | | | 建筑体积(元/m³) | 混凝土体积(元/m³) |
| 指标基价 | 元 | 41126 | 100% | 1423.78 | 3185.64 |

土建主要工程数量和主要工料数量

| 主要工程数量 | | | | 主要工料数量 | | | |
|---|---|---|---|---|---|---|---|
| 项目 | 单位 | 数量 | 建筑体积指标<br>(每m³) | 项目 | 单位 | 数量 | 建筑体积指标<br>(每m³) |
| 土方开挖 | m³ | 76.059 | 2.633 | 土建人工 | 工日 | 87.914 | 3.044 |
| 混凝土垫层 | m³ | 0.620 | 0.022 | 商品混凝土 | m³ | 16.084 | 0.557 |
| 钢筋混凝土底板 | m³ | 5.732 | 0.198 | 钢材 | t | 2.077 | 0.072 |
| 钢筋混凝土侧墙 | m³ | 5.558 | 0.192 | 木材 | m³ | 0.112 | 0.004 |
| 钢筋混凝土顶板 | m³ | 1.620 | 0.056 | 砂 | t | 1.272 | 0.044 |
| 土钉墙 | m² | 16.612 | 0.575 | | | | |
| | | | | 其他材料费 | 元 | 519.42 | 17.98 |
| | | | | 机械使用费 | 元 | 2572.7 | 89.07 |

| 指标编号 | | 3F－03 | | 构筑物名称 | | 通风口(含风亭) | |
|---|---|---|---|---|---|---|---|
| 结构特征:底板厚300mm,壁板厚300mm,顶板厚300mm | | | | | | | |
| 建筑体积 | | 9.15m³ | | 混凝土体积 | | 3.84m³ | |
| 项目 | 单位 | 构筑物 | | 占指标基价的% | 折合指标 | | |
| | | | | | 建筑体积(元/m³) | | 混凝土体积(元/m³) |
| 指标基价 | 元 | 41896 | | 100% | 4577.76 | | 10910.33 |
| 土建主要工程数量和主要工料数量 | | | | | | | |
| 主要工程数量 | | | | 主要工料数量 | | | |
| 项目 | 单位 | 数量 | 建筑体积指标(每 m³) | 项目 | 单位 | 数量 | 建筑体积指标(每 m³) |
| 钢筋混凝土底板 | m³ | 1.200 | 0.131 | 土建人工 | 工日 | 16.123 | 1.762 |
| 钢筋混凝土侧墙 | m³ | 1.440 | 0.157 | 商品混凝土(含步道混凝土) | m³ | 4.527 | 0.495 |
| 钢筋混凝土顶板 | m³ | 1.200 | 0.131 | 钢材 | t | 0.672 | 0.073 |
| | | | | 木材 | m³ | 0.032 | 0.003 |
| | | | | 其他材料费 | 元 | 425.02 | 46.44 |
| | | | | 机械使用费 | 元 | 540.39 | 59.05 |

| 指标编号 | | 3F－04 | | 构筑物名称 | | 通风口 | |
|---|---|---|---|---|---|---|---|
| 结构特征:底板厚400m,壁板厚400mm,顶板厚300mm | | | | | | | |
| 建筑体积 | | 32.96m³ | | 混凝土体积 | | 11.95m³ | |
| 项目 | 单位 | 构筑物 | | 占指标基价的% | 折合指标 | | |
| | | | | | 建筑体积(元/m³) | | 混凝土体积(元/m³) |
| 指标基价 | 元 | 47293 | | 100% | 1434.87 | | 3957.57 |
| 土建主要工程数量和主要工料数量 | | | | | | | |
| 主要工程数量 | | | | 主要工料数量 | | | |
| 项目 | 单位 | 数量 | 建筑体积指标(每 m³) | 项目 | 单位 | 数量 | 建筑体积指标(每 m³) |
| 土方开挖 | m³ | 72.656 | 2.204 | 土建人工 | 工日 | 78.672 | 2.387 |
| 混凝土垫层 | m³ | 2.969 | 0.090 | 商品混凝土 | m³ | 12.500 | 0.379 |
| 钢筋混凝土底板 | m³ | 3.047 | 0.092 | 钢材 | t | 2.109 | 0.064 |
| 钢筋混凝土侧墙 | m³ | 7.031 | 0.213 | 木材 | m³ | 0.086 | 0.003 |
| 钢筋混凝土顶板 | m³ | 1.875 | 0.057 | 砂 | t | 1.953 | 0.059 |
| 井点降水 | 根 | 1.641 | 0.050 | 钢制防火门 | m² | 0.703 | 0.021 |
| | | | | 防盗井盖 | 座 | 0.078 | 0.002 |
| | | | | 其他材料费 | 元 | 7656.250 | 232.289 |
| | | | | 机械使用费 | 元 | 4218.750 | 127.996 |

| 指标编号 | 3F－05 | | | 构筑物名称 | | 通风口 | |
|---|---|---|---|---|---|---|---|
| 结构特征:底板厚500mm,壁板厚400mm,顶板厚300mm | | | | | | | |
| 建筑体积 | 39.95m³ | | | 混凝土体积 | | 20.65m³ | |
| 项目 | 单位 | 构筑物 | | 占指标基价的% | 折合指标 | | |
| | | | | | 建筑体积(元/m³) | | 混凝土体积(元/m³) |
| 指标基价 | 元 | 66875 | | 100% | 1673.97 | | 3238.50 |
| 土建主要工程数量和主要工料数量 | | | | | | | |
| 主要工程数量 | | | | 主要工料数量 | | | |
| 项目 | 单位 | 数量 | 建筑体积指标（每m³） | 项目 | 单位 | 数量 | 建筑体积指标(每m³) |
| 土方开挖 | m³ | 123.068 | 3.080 | 土建人工 | 工日 | 126.971 | 3.178 |
| 混凝土垫层 | m³ | 4.943 | 0.124 | 商品混凝土 | m³ | 28.059 | 0.702 |
| 钢筋混凝土底板 | m³ | 4.923 | 0.123 | 钢材 | t | 3.424 | 0.086 |
| 钢筋混凝土侧墙 | m³ | 7.933 | 0.199 | 木材 | m³ | 0.246 | 0.006 |
| 钢筋混凝土顶板 | m³ | 7.794 | 0.195 | 砂 | t | 1.462 | 0.037 |
| 土钉墙 | m² | 20.926 | 0.524 | 水泥 | kg | 1264.654 | 31.654 |
| 预制盖板 | m³ | 0.044 | 0.001 | 豆石 | t | 2.231 | 0.056 |
| | | | | 其他材料费 | 元 | 906.13 | 22.68 |
| | | | | 机械使用费 | 元 | 4488.13 | 112.34 |

| 指标编号 | 3F－06 | | | 构筑物名称 | | 通风口 | |
|---|---|---|---|---|---|---|---|
| 结构特征:底板厚550mm,壁板厚500mm,顶板厚500mm | | | | | | | |
| 建筑体积 | 72.83m³ | | | 混凝土体积 | | 24.20m³ | |
| 项目 | 单位 | 构筑物 | | 占指标基价的% | 折合指标 | | |
| | | | | | 建筑体积(元/m³) | | 混凝土体积(元/m³) |
| 指标基价 | 元 | 77833 | | 100% | 1068.70 | | 3216.24 |
| 土建主要工程数量和主要工料数量 | | | | | | | |
| 主要工程数量 | | | | 主要工料数量 | | | |
| 项目 | 单位 | 数量 | 建筑体积指标（每m³） | 项目 | 单位 | 数量 | 建筑体积指标(每m³) |
| 土方开挖 | m³ | 149.861 | 2.058 | 土建人工 | 工日 | 133.584 | 1.834 |
| 混凝土垫层 | m³ | 4.871 | 0.067 | 商品混凝土 | m³ | 24.832 | 0.341 |
| 钢筋混凝土底板 | m³ | 6.535 | 0.090 | 钢材 | t | 4.079 | 0.056 |
| 钢筋混凝土侧墙 | m³ | 10.614 | 0.146 | 木材 | m³ | 0.131 | 0.002 |
| 钢筋混凝土顶板 | m³ | 7.050 | 0.097 | 砂 | t | 3.842 | 0.053 |
| 井点降水 | 根 | 1.663 | 0.023 | 钢制防火门 | m² | 0.634 | 0.009 |
| | | | | 防盗井盖 | 座 | 0.040 | 0.001 |
| | | | | 其他材料费 | 元 | 11247.53 | 154.44 |
| | | | | 机械使用费 | 元 | 7326.73 | 100.60 |

| 指标编号 | 3F－07 | | 构筑物名称 | 通风口 | |
|---|---|---|---|---|---|
| 结构特征:底板厚350mm,壁板厚300mm,顶板厚400mm | | | | | |
| 建筑体积 | 24.41m³ | | 混凝土体积 | 13.09m³ | |
| 项目 | 单位 | 构筑物 | 占指标<br>基价的% | 折合指标 | |
| | | | | 建筑体积(元/m³) | 混凝土体积(元/m³) |
| 指标基价 | 元 | 48020 | 100% | 1966.84 | 3667.14 |
| 土建主要工程数量和主要工料数量 | | | | | |

| 主要工程数量 | | | | 主要工料数量 | | | |
|---|---|---|---|---|---|---|---|
| 项目 | 单位 | 数量 | 建筑体积<br>指标(每m³) | 项目 | 单位 | 数量 | 建筑体积指标(每m³) |
| 土方开挖 | m³ | 147.492 | 6.041 | 土建人工 | 工日 | 123.512 | 5.059 |
| 混凝土垫层 | m³ | 1.075 | 0.044 | 商品混凝土 | m³ | 12.742 | 0.522 |
| 钢筋混凝土底板 | m³ | 3.640 | 0.149 | 钢材 | t | 1.563 | 0.064 |
| 钢筋混凝土侧墙 | m³ | 5.295 | 0.217 | 木材 | m³ | 0.004 | 0.000 |
| 钢筋混凝土顶板 | m³ | 4.160 | 0.170 | 砂 | t | 2.735 | 0.112 |
| | | | | 豆石 | t | 0.040 | 0.002 |
| | | | | 其他材料费 | 元 | 995.22 | 40.76 |
| | | | | 机械使用费 | 元 | 5997.18 | 245.64 |

| 指标编号 | 3F－08 | | 构筑物名称 | 通风口 | |
|---|---|---|---|---|---|
| 结构特征:底板厚500mm,壁板厚400mm,顶板厚350mm | | | | | |
| 建筑体积 | 50.81m³ | | 混凝土体积 | 25.84m³ | |
| 项目 | 单位 | 构筑物 | 占指标<br>基价的% | 折合指标 | |
| | | | | 建筑体积(元/m³) | 混凝土体积(元/m³) |
| 指标基价 | 元 | 111010 | 100% | 2184.67 | 4296.73 |
| 土建主要工程数量和主要工料数量 | | | | | |

| 主要工程数量 | | | | 主要工料数量 | | | |
|---|---|---|---|---|---|---|---|
| 项目 | 单位 | 数量 | 建筑体积指标<br>(每m³) | 项目 | 单位 | 数量 | 建筑体积指标(每m³) |
| 土方开挖 | m³ | 199.070 | 3.918 | 土建人工 | 工日 | 165.745 | 3.262 |
| 混凝土垫层 | m³ | 1.440 | 0.028 | 商品混凝土 | m³ | 35.587 | 0.700 |
| 钢筋混凝土底板 | m³ | 7.080 | 0.139 | 钢材 | t | 6.635 | 0.131 |
| 钢筋混凝土侧墙 | m³ | 8.374 | 0.165 | 木材 | m³ | 0.311 | 0.006 |
| 钢筋混凝土顶板 | m³ | 10.382 | 0.204 | 砂 | t | 1.251 | 0.025 |
| 井点降水 | 根 | 1.333 | 0.026 | 钢制防火门 | m² | 0.068 | 0.001 |
| 桩锚支护(围护长度)<br>(38138元/m) | m | 1 | 0.020 | 其他材料费 | 元 | 1228.15 | 24.17 |
| | | | | 机械使用费 | 元 | 11269.13 | 221.78 |

| 指标编号 | | 3F-09 | | 构筑物名称 | | 通风口 | |
|---|---|---|---|---|---|---|---|
| 结构特征:底板厚500mm,壁板厚400mm,顶板厚350mm | | | | | | | |
| 建筑体积 | | 64.22m³ | | 混凝土体积 | | 32.66m³ | |
| 项目 | 单位 | 构筑物 | | 占指标基价的% | 折合指标 | | |
| | | | | | 建筑体积(元/m³) | 混凝土体积(元/m³) | |
| 指标基价 | 元 | 139327 | | 100% | 2169.64 | 4265.51 | |
| 土建主要工程数量和主要工料数量 | | | | | | | |
| 主要工程数量 | | | | 主要工料数量 | | | |
| 项目 | 单位 | 数量 | 建筑体积指标(每m³) | 项目 | 单位 | 数量 | 建筑体积指标(每m³) |
| 土方开挖 | m³ | 151.273 | 2.356 | 土建人工 | 工日 | 81.009 | 1.261 |
| 混凝土垫层 | m³ | 1.935 | 0.030 | 商品混凝土 | m³ | 24.664 | 0.384 |
| 钢筋混凝土底板 | m³ | 12.273 | 0.191 | 钢材 | t | 3.291 | 0.051 |
| 钢筋混凝土侧墙 | m³ | 8.116 | 0.126 | 木材 | m³ | 0.200 | 0.003 |
| 钢筋混凝土顶板 | m³ | 12.273 | 0.191 | 砂 | t | 4.027 | 0.063 |
| 井点降水<br>无缝钢管45×3 | m | 2.378 | 0.037 | 碎(砾)石 | t | 1.209 | 0.019 |
| 桩锚支护(围护长度)<br>(16491元/m) | m | 0.727 | 0.011 | 钢制防火门 | m² | 1.151 | 0.018 |
| | | | | 其他材料费 | 元 | 860.94 | 13.41 |
| | | | | 机械使用费 | 元 | 259.96 | 4.05 |

| 指标编号 | | 3F-10 | | 构筑物名称 | | 通风口 | |
|---|---|---|---|---|---|---|---|
| 结构特征:底板厚700mm,壁板厚250mm,顶板厚450mm | | | | | | | |
| 建筑体积 | | 56.16m³ | | 混凝土体积 | | 51.80m³ | |
| 项目 | 单位 | 构筑物 | | 占指标基价的% | 折合指标 | | |
| | | | | | 建筑体积(元/m³) | 混凝土体积(元/m³) | |
| 指标基价 | 元 | 196088 | | 100% | 3491.34 | 3785.26 | |
| 土建主要工程数量和主要工料数量 | | | | | | | |
| 主要工程数量 | | | | 主要工料数量 | | | |
| 项目 | 单位 | 数量 | 建筑体积指标(每m³) | 项目 | 单位 | 数量 | 建筑体积指标(每m³) |
| 土方开挖 | m³ | 360.270 | 6.415 | 土建人工 | 工日 | 482.212 | 8.586 |
| 喷射混凝土 | m³ | 2.436 | 0.043 | 商品混凝土 | m³ | 55.236 | 0.983 |
| 混凝土垫层 | m³ | 1.490 | 0.027 | 钢材 | t | 12.127 | 0.216 |
| 钢筋混凝土底板 | m³ | 12.470 | 0.222 | 木材 | m³ | 0.772 | 0.014 |
| 钢筋混凝土侧墙 | m³ | 24.064 | 0.426 | 中砂 | t | 2.904 | 0.052 |
| 钢筋混凝土板 | m³ | 13.092 | 0.232 | 碎石 | t | 0.519 | 0.009 |
| 钢筋混凝土柱 | m³ | 0.068 | 0.001 | 其他材料费 | 元 | 3657.63 | 64.75 |
| 钢筋混凝土板 | m³ | 0.624 | 0.011 | 机械使用费 | 元 | 16699.43 | 295.62 |

# 2.4 管线分支口

| 指标编号 | 4F-01 | | 构筑物名称 | 管线分支口 | |
|---|---|---|---|---|---|
| 结构特征:底板厚300mm,壁板厚300mm,顶板厚300mm | | | | | |
| 建筑体积 | 5.76m³ | | 混凝土体积 | 3.36m³ | |
| 项目 | 单位 | 构筑物 | 占指标基价的% | 折合指标 | |
| | | | | 建筑体积(元/m³) | 混凝土体积(元/m³) |
| 指标基价 | 元 | 13628 | 100% | 2365.94 | 4055.89 |

土建主要工程数量和主要工料数量

| 主要工程数量 | | | | 主要工料数量 | | | |
|---|---|---|---|---|---|---|---|
| 项目 | 单位 | 数量 | 建筑体积指标(每m³) | 项目 | 单位 | 数量 | 建筑体积指标(每m³) |
| 土方开挖 | m³ | 36.657 | 6.364 | 土建人工 | 工日 | 27.921 | 4.847 |
| 混凝土垫层 | m³ | 0.393 | 0.068 | 商品混凝土 | m³ | 3.940 | 0.684 |
| 钢筋混凝土底板 | m³ | 1.120 | 0.195 | 钢材 | t | 0.624 | 0.108 |
| 钢筋混凝土侧墙 | m³ | 1.061 | 0.184 | 木材 | m³ | 0.031 | 0.005 |
| 钢筋混凝土顶板 | m³ | 1.120 | 0.195 | 砂 | t | 1.855 | 0.322 |
| 井点降水 | 根 | 2.631 | 0.457 | 其他材料费 | 元 | 320.03 | 55.56 |
| | | | | 机械使用费 | 元 | 1379.47 | 239.49 |

单位:m

| 指标编号 | 4F-02 | | 构筑物名称 | 管线分支口 | |
|---|---|---|---|---|---|
| 结构特征:底板厚300mm,壁板厚300mm,顶板厚300mm | | | | | |
| 建筑体积 | 7.56m³ | | 混凝土体积 | 3.78m³ | |
| 项目 | 单位 | 构筑物 | 占指标基价的% | 折合指标 | |
| | | | | 建筑体积(元/m³) | 混凝土体积(元/m³) |
| 指标基价 | 元 | 15252 | 100% | 2017.50 | 4035.01 |

土建主要工程数量和主要工料数量

| 主要工程数量 | | | | 主要工料数量 | | | |
|---|---|---|---|---|---|---|---|
| 项目 | 单位 | 数量 | 建筑体积指标(每m³) | 项目 | 单位 | 数量 | 建筑体积指标(每m³) |
| 土方开挖 | m³ | 43.376 | 5.738 | 土建人工 | 工日 | 121.756 | 16.105 |
| 混凝土垫层 | m³ | 0.437 | 0.058 | 商品混凝土 | m³ | 4.473 | 0.592 |
| 钢筋混凝土底板 | m³ | 1.251 | 0.165 | 钢材 | t | 0.644 | 0.085 |
| 钢筋混凝土侧墙 | m³ | 1.251 | 0.165 | 木材 | m³ | 0.113 | 0.015 |
| 钢筋混凝土顶板 | m³ | 1.251 | 0.165 | 砂 | t | 1.870 | 0.247 |
| 井点降水 | 根 | 2.652 | 0.351 | 其他材料费 | 元 | 465.68 | 61.60 |
| | | | | 机械使用费 | 元 | 1525.75 | 201.82 |

2.4 管线分支口

| 指标编号 | | 4F-03 | | 构筑物名称 | | 管线分支口 | |
|---|---|---|---|---|---|---|---|
| 结构特征:底板厚 350mm,壁板厚 300mm,顶板厚 350mm | | | | | | | |
| 建筑体积 | | 4.20m³ | | 混凝土体积 | | 2.30m³ | |
| 项目 | 单位 | 构筑物 | | 占指标基价的% | 折合指标 | | |
| | | | | | 建筑体积(元/m³) | | 混凝土体积(元/m³) |
| 指标基价 | 元 | 33119 | | 100% | 7886.93 | | 14393.75 |
| 土建主要工程数量和主要工料数量 | | | | | | | |
| 主要工程数量 | | | | 主要工料数量 | | | |
| 项目 | 单位 | 数量 | 建筑体积指标(每 m³) | 项目 | 单位 | 数量 | 建筑体积指标(每 m³) |
| 土方开挖 | m³ | 28.648 | 6.822 | 土建人工 | 工日 | 66.124 | 15.747 |
| 混凝土垫层 | m³ | 0.270 | 0.064 | 商品混凝土 | m³ | 10.044 | 2.392 |
| 钢筋混凝土底板 | m³ | 0.625 | 0.149 | 钢材 | t | 3.429 | 0.817 |
| 钢筋混凝土侧墙 | m³ | 1.050 | 0.250 | 木材 | m³ | 0.033 | 0.008 |
| 钢筋混凝土顶板 | m³ | 0.625 | 0.149 | 砂 | t | 1.540 | 0.367 |
| 井点降水无缝钢管 45×3 | m | 0.486 | 0.116 | 其他材料费 | 元 | 647.28 | 154.14 |
| 桩锚支护(围护长度)(21672 元/m) | m | 1.000 | 0.238 | 机械使用费 | 元 | 5540.30 | 1319.36 |

| 指标编号 | | 4F-04 | | 构筑物名称 | | 管线分支口 | |
|---|---|---|---|---|---|---|---|
| 结构特征:底板厚 400mm,壁板厚 400mm,顶板厚 300mm | | | | | | | |
| 建筑体积 | | 33.08m³ | | 混凝土体积 | | 10.69m³ | |
| 项目 | 单位 | 构筑物 | | 占指标基价的% | 折合指标 | | |
| | | | | | 建筑体积(元/m³) | | 混凝土体积(元/m³) |
| 指标基价 | 元 | 40075 | | 100% | 1211.44 | | 3748.78 |
| 土建主要工程数量和主要工料数量 | | | | | | | |
| 主要工程数量 | | | | 主要工料数量 | | | |
| 项目 | 单位 | 数量 | 建筑体积指标(每 m³) | 项目 | 单位 | 数量 | 建筑体积指标(每 m³) |
| 土方开挖 | m³ | 75.077 | 2.270 | 土建人工 | 工日 | 63.769 | 1.928 |
| 混凝土垫层 | m³ | 3.000 | 0.091 | 商品混凝土 | m³ | 10.846 | 0.328 |
| 钢筋混凝土底板 | m³ | 3.846 | 0.116 | 钢材 | t | 1.769 | 0.053 |
| 钢筋混凝土侧墙 | m³ | 5.077 | 0.153 | 木材 | m³ | 0.062 | 0.002 |
| 钢筋混凝土顶板 | m³ | 1.769 | 0.053 | 砂 | t | 1.462 | 0.044 |
| 井点降水 | 根 | 1.692 | 0.051 | 电缆密封件 | 个 | 1.846 | 0.056 |
| | | | | 通信密封件 | 个 | 1.846 | 0.056 |
| | | | | 其他材料费 | 元 | 4384.62 | 132.55 |
| | | | | 机械使用费 | 元 | 4230.77 | 127.90 |

| 指标编号 | 4F－05 | | 构筑物名称 | 管线分支口 | |
|---|---|---|---|---|---|
| 结构特征:底板厚 350～800mm,壁板厚 300～600mm,顶板厚 350～800mm | | | | | |
| 建筑体积 | 11.37m³ | | 混凝土体积 | 8.65m³ | |
| 项目 | 单位 | 构筑物 | 占指标基价的% | 折合指标 | |
| | | | | 建筑体积(元/m³) | 混凝土体积(元/m³) |
| 指标基价 | 元 | 48185 | 100% | 4236.71 | 5569.35 |

土建主要工程数量和主要工料数量

| 主要工程数量 | | | | 主要工料数量 | | | |
|---|---|---|---|---|---|---|---|
| 项目 | 单位 | 数量 | 建筑体积指标(每 m³) | 项目 | 单位 | 数量 | 建筑体积指标(每 m³) |
| 土方开挖 | m³ | 28.582 | 2.513 | 土建人工 | 工日 | 89.289 | 7.851 |
| 混凝土垫层 | m³ | 0.577 | 0.051 | 商品混凝土 | m³ | 17.561 | 1.544 |
| 钢筋混凝土底板 | m³ | 3.073 | 0.270 | 钢材 | t | 4.546 | 0.400 |
| 钢筋混凝土侧墙 | m³ | 2.641 | 0.232 | 木材 | m³ | 0.108 | 0.010 |
| 钢筋混凝土顶板 | m³ | 2.939 | 0.258 | 砂 | t | 2.088 | 0.184 |
| 井点降水无缝钢管 45×3 | m | 0.486 | 0.043 | 其他材料费 | 元 | 891.04 | 78.35 |
| 桩锚支护(围护长度)(21672 元/m) | m | 1.000 | 0.088 | 机械使用费 | 元 | 5822.67 | 511.96 |

| 指标编号 | 4F－06 | | 构筑物名称 | 管线分支口 | |
|---|---|---|---|---|---|
| 结构特征:底板厚 500mm,壁板厚 400mm,顶板厚 500mm | | | | | |
| 建筑体积 | 13.08m³ | | 混凝土体积 | 7.67m³ | |
| 项目 | 单位 | 构筑物 | 占指标基价的% | 折合指标 | |
| | | | | 建筑体积(元/m³) | 混凝土体积(元/m³) |
| 指标基价 | 元 | 54495 | 100% | 4166.16 | 7103.04 |

土建主要工程数量和主要工料数量

| 主要工程数量 | | | | 主要工料数量 | | | |
|---|---|---|---|---|---|---|---|
| 项目 | 单位 | 数量 | 建筑体积指标(每 m³) | 项目 | 单位 | 数量 | 建筑体积指标(每 m³) |
| 土方开挖 | m³ | 38.091 | 2.912 | 土建人工 | 工日 | 104.492 | 7.988 |
| 混凝土垫层 | m³ | 0.600 | 0.046 | 商品混凝土 | m³ | 18.881 | 1.443 |
| 钢筋混凝土底板 | m³ | 2.294 | 0.175 | 钢材 | t | 5.171 | 0.395 |
| 钢筋混凝土侧墙 | m³ | 3.084 | 0.236 | 木材 | m³ | 0.100 | 0.008 |
| 钢筋混凝土顶板 | m³ | 2.294 | 0.175 | 砂 | t | 2.632 | 0.201 |
| 井点降水无缝钢管 45×3 | m | 0.645 | 0.049 | 其他材料费 | 元 | 1091.88 | 83.47 |
| 桩锚支护(支线长度) | m | 1.328 | 0.102 | 机械使用费 | 元 | 7560.79 | 578.03 |

| 指标编号 | | 4F－07 | | 构筑物名称 | | 管线分支口 | |
|---|---|---|---|---|---|---|---|
| 结构特征:管线分支口 80 处,平均处长 2.4m,底板厚 500mm,壁板厚 400mm,顶板厚 300mm | | | | | | | |
| 建筑体积 | | 35.67m³ | | 混凝土体积 | | 16.58m³ | |
| 项目 | 单位 | 构筑物 | | 占指标基价的% | 折合指标 | | |
| | | | | | 建筑体积(元/m³) | | 混凝土体积(元/m³) |
| 指标基价 | 元 | 55393 | | 100% | 1608.97 | | 3364.01 |

土建主要工程数量和主要工料数量

| 主要工程数量 | | | | 主要工料数量 | | | |
|---|---|---|---|---|---|---|---|
| 项目 | 单位 | 数量 | 建筑体积指标(每 m³) | 项目 | 单位 | 数量 | 建筑体积指标(每 m³) |
| 土方开挖 | m³ | 122.853 | 3.544 | 土建人工 | 工日 | 109.335 | 3.154 |
| 混凝土垫层 | m³ | 0.960 | 0.028 | 商品混凝土 | m³ | 19.719 | 0.569 |
| 钢筋混凝土底板 | m³ | 4.459 | 0.129 | 钢材 | t | 2.825 | 0.081 |
| 钢筋混凝土侧墙 | m³ | 6.621 | 0.191 | 木材 | m³ | 0.191 | 0.006 |
| 钢筋混凝土顶板 | m³ | 5.502 | 0.159 | 砂 | t | 1.458 | 0.042 |
| 土钉墙 | m² | 20.889 | 0.603 | 水泥 | kg | 1260.583 | 36.360 |
| | | | | 豆石 | t | 2.227 | 0.064 |
| | | | | 其他材料费 | 元 | 698.40 | 20.14 |
| | | | | 机械使用费 | 元 | 4595.13 | 132.54 |

| 指标编号 | | 4F－08 | | 构筑物名称 | | 管线分支口 | |
|---|---|---|---|---|---|---|---|
| 结构特征:底板厚 400mm,壁板厚 400mm,顶板厚 400mm | | | | | | | |
| 建筑体积 | | 27m³ | | 混凝土体积 | | 18.81m³ | |
| 项目 | 单位 | 构筑物 | | 占指标基价的% | 折合指标 | | |
| | | | | | 建筑体积(元/m³) | | 混凝土体积(元/m³) |
| 指标基价 | 元 | 60755 | | 100% | 2250.19 | | 3229.44 |

土建主要工程数量和主要工料数量

| 主要工程数量 | | | | 主要工料数量 | | | |
|---|---|---|---|---|---|---|---|
| 项目 | 单位 | 数量 | 建筑体积指标(每 m³) | 项目 | 单位 | 数量 | 建筑体积指标(每 m³) |
| 土方开挖 | m³ | 76.059 | 2.817 | 土建人工 | 工日 | 115.582 | 4.281 |
| 混凝土垫层 | m³ | 0.720 | 0.027 | 商品混凝土 | m³ | 21.146 | 0.783 |
| 钢筋混凝土底板 | m³ | 7.432 | 0.275 | 钢材 | t | 2.618 | 0.097 |
| 钢筋混凝土侧墙 | m³ | 7.665 | 0.284 | 木材 | m³ | 0.148 | 0.006 |
| 钢筋混凝土顶板 | m³ | 3.716 | 0.138 | 砂 | t | 1.672 | 0.062 |
| 土钉墙 | m² | 16.612 | 0.615 | | | | |
| | | | | 其他材料费 | 元 | 682.89 | 25.29 |
| | | | | 机械使用费 | 元 | 3382.37 | 125.27 |

| 指标编号 | | 4F－09 | | 构筑物名称 | | 管线分支口 | |
|---|---|---|---|---|---|---|---|
| 结构特征:底板厚400~600mm,壁板厚350~500mm,顶板厚400~600mm | | | | | | | |
| 建筑体积 | | 15.00m³ | | 混凝土体积 | | 10.80m³ | |
| 项目 | 单位 | 构筑物 | | 占指标基价的% | | 折合指标 | |
| | | | | | | 建筑体积(元/m³) | 混凝土体积(元/m³) |
| 指标基价 | 元 | 65534 | | 100% | | 4368.92 | 6067.95 |
| 土建主要工程数量和主要工料数量 | | | | | | | |
| 主要工程数量 | | | | 主要工料数量 | | | |
| 项目 | 单位 | 数量 | 建筑体积指标（每m³) | 项目 | 单位 | 数量 | 建筑体积指标(每m³) |
| 土方开挖 | m³ | 131.100 | 8.740 | 土建人工 | 工日 | 104.312 | 6.954 |
| 混凝土垫层 | m³ | 0.780 | 0.052 | 商品混凝土 | m³ | 16.797 | 1.120 |
| 钢筋混凝土底板 | m³ | 3.700 | 0.247 | 钢材 | t | 2.866 | 0.191 |
| 钢筋混凝土侧墙 | m³ | 3.760 | 0.251 | 木材 | m³ | 0.092 | 0.006 |
| 钢筋混凝土顶板 | m³ | 3.340 | 0.223 | 砂 | t | 0.554 | 0.037 |
| 井点降水 | 根 | 2.660 | 0.177 | 其他材料费 | 元 | 699.78 | 46.65 |
| 桩锚支护(围护长度)（18142元/m) | m | 1.000 | 0.067 | 机械使用费 | 元 | 16245.77 | 1083.05 |

| 指标编号 | | 4F－10 | | 构筑物名称 | | 管线分支口 | |
|---|---|---|---|---|---|---|---|
| 结构特征:底板厚500mm,壁板厚400mm,顶板厚300mm | | | | | | | |
| 建筑体积 | | 20.78m³ | | 混凝土体积 | | 12.79m³ | |
| 项目 | 单位 | 构筑物 | | 占指标基价的% | | 折合指标 | |
| | | | | | | 建筑体积(元/m³) | 混凝土体积(元/m³) |
| 指标基价 | 元 | 80025 | | 100% | | 3851.78 | 6255.32 |
| 土建主要工程数量和主要工料数量 | | | | | | | |
| 主要工程数量 | | | | 主要工料数量 | | | |
| 项目 | 单位 | 数量 | 建筑体积指标（每m³) | 项目 | 单位 | 数量 | 建筑体积指标(每m³) |
| 土方开挖 | m³ | 77.977 | 3.753 | 土建人工 | 工日 | 250.160 | 12.041 |
| 混凝土垫层 | m³ | 13.519 | 0.651 | 商品混凝土 | m³ | 28.851 | 1.389 |
| 钢筋混凝土底板 | m³ | 3.492 | 0.168 | 钢材 | t | 3.654 | 0.176 |
| 钢筋混凝土侧墙 | m³ | 6.690 | 0.322 | 木材 | m³ | 0.280 | 0.013 |
| 钢筋混凝土顶板 | m³ | 2.612 | 0.126 | 砂 | t | 2.133 | 0.103 |
| 井点降水－深井 | 根 | 0.262 | | | | | |
| 钢板桩 | t | 16.420 | | | | | |
| 预制方桩0.4×0.4 | m | 26.339 | | | | | |
| | | | | 其他材料费 | 元 | 1021.80 | 49.18 |
| | | | | 机械使用费 | 元 | 15332.37 | 737.97 |

| 指标编号 | | 4F-11 | | 构筑物名称 | | 管线分支口 | |
|---|---|---|---|---|---|---|---|
| 结构特征:底板厚800mm,壁板厚700mm,顶板厚800mm | | | | | | | |
| 建筑体积 | | 79.19m³ | | 混凝土体积 | | 29.62m³ | |
| 项目 | 单位 | 构筑物 | | 占指标基价的% | 折合指标 | | |
| | | | | | 建筑体积(元/m³) | | 混凝土体积(元/m³) |
| 指标基价 | 元 | 84378 | | 100% | 1065.52 | | 2848.68 |
| 土建主要工程数量和主要工料数量 | | | | | | | |
| 主要工程数量 | | | | 主要工料数量 | | | |
| 项目 | 单位 | 数量 | 建筑体积指标(每 m³) | 项目 | 单位 | 数量 | 建筑体积指标(每 m³) |
| 土方开挖 | m³ | 168.548 | 2.128 | 土建人工 | 工日 | 140.161 | 1.770 |
| 混凝土垫层 | m³ | 4.301 | 0.054 | 商品混凝土 | m³ | 30.054 | 0.380 |
| 钢筋混凝土底板 | m³ | 11.183 | 0.141 | 钢材 | t | 4.892 | 0.062 |
| 钢筋混凝土侧墙 | m³ | 13.387 | 0.169 | 木材 | m³ | 0.091 | 0.001 |
| 钢筋混凝土顶板 | m³ | 5.054 | 0.064 | 砂 | t | 1.882 | 0.024 |
| 井点降水 | 根 | 1.667 | 0.021 | 电缆密封件 | 个 | 1.290 | 0.016 |
| | | | | 通信密封件 | 个 | 1.290 | 0.016 |
| | | | | 其他材料费 | 元 | 7903.23 | 99.80 |
| | | | | 机械使用费 | 元 | 8373.22 | 105.74 |

# 2.5 人员出入口

| 指标编号 | | 5F-01 | | 构筑物名称 | | 人员出入口 | |
|---|---|---|---|---|---|---|---|
| 结构特征:底板厚300mm,壁板厚300mm,顶板厚300mm | | | | | | | |
| 建筑体积 | | 8.12m³ | | 混凝土体积 | | 5.47m³ | |
| 项目 | 单位 | 构筑物 | | 占指标基价的% | 折合指标 | | |
| | | | | | 建筑体积(元/m³) | | 混凝土体积(元/m³) |
| 指标基价 | 元 | 34272 | | 100% | 4220.73 | | 6269.71 |
| 土建主要工程数量和主要工料数量 | | | | | | | |
| 主要工程数量 | | | | 主要工料数量 | | | |
| 项目 | 单位 | 数量 | 建筑体积指标(每 m³) | 项目 | 单位 | 数量 | 建筑体积指标(每 m³) |
| 土方开挖 | m³ | 41.540 | 5.116 | 土建人工 | 工日 | 74.637 | 9.192 |
| 混凝土垫层 | m³ | 0.457 | 0.056 | 商品混凝土 | m³ | 5.599 | 0.690 |
| 钢筋混凝土底板 | m³ | 1.310 | 0.161 | 钢材 | t | 0.803 | 0.099 |
| 钢筋混凝土侧墙 | m³ | 3.216 | 0.396 | 级配砂石 | t | 7.437 | 0.916 |
| 钢筋混凝土顶板 | m³ | 0.940 | 0.116 | 中砂 | t | 24.656 | 3.036 |
| 井点降水 | 根 | 0.777 | 0.096 | 碎石 | t | 1.611 | 0.198 |
| | | | | 其他材料费 | 元 | 43.48 | 5.36 |
| | | | | 机械使用费 | 元 | 5011.19 | 617.14 |

| 指标编号 | | 5F-02 | | 构筑物名称 | | 人员出入口 | |
|---|---|---|---|---|---|---|---|
| 结构特征:底板厚400mm,壁板厚400mm,顶板厚400mm | | | | | | | |
| 建筑体积 | | 29.23m³ | | 混凝土体积 | | 11.16m³ | |
| 项目 | 单位 | 构筑物 | | 占指标基价的% | 折合指标 | | |
| | | | | | 建筑体积(元/m³) | | 混凝土体积(元/m³) |
| 指标基价 | 元 | 36026 | | 100% | 1232.39 | | 3229.44 |
| 土建主要工程数量和主要工料数量 | | | | | | | |
| 主要工程数量 | | | | 主要工料数量 | | | |
| 项目 | 单位 | 数量 | 建筑体积指标(每 m³) | 项目 | 单位 | 数量 | 建筑体积指标(每 m³) |
| 土方开挖 | m³ | 41.653 | 1.425 | 土建人工 | 工日 | 70.625 | 2.416 |
| 混凝土垫层 | m³ | 0.780 | 0.027 | 商品混凝土 | m³ | 12.921 | 0.442 |
| 钢筋混凝土底板 | m³ | 2.607 | 0.089 | 钢材 | t | 1.441 | 0.049 |
| 钢筋混凝土侧墙 | m³ | 4.756 | 0.163 | 木材 | m³ | 0.090 | 0.003 |
| 钢筋混凝土顶板 | m³ | 3.793 | 0.130 | 砂 | t | 1.022 | 0.035 |
| 土钉墙 | m² | 16.579 | 0.567 | | | | |
| | | | | 其他材料费 | 元 | 417.27 | 14.27 |
| | | | | 机械使用费 | 元 | 2066.77 | 70.70 |

| 指标编号 | | 5F-03 | | 构筑物名称 | | 人员出入口 | |
|---|---|---|---|---|---|---|---|
| 结构特征:底板厚400mm,壁板厚400mm,顶板厚400mm | | | | | | | |
| 建筑体积 | | 30.63m³ | | 混凝土体积 | | 18.38m³ | |
| 项目 | 单位 | 构筑物 | | 占指标基价的% | 折合指标 | | |
| | | | | | 建筑体积(元/m³) | | 混凝土体积(元/m³) |
| 指标基价 | 元 | 74792 | | 100% | 2441.72 | | 4068.73 |
| 土建主要工程数量和主要工料数量 | | | | | | | |
| 主要工程数量 | | | | 主要工料数量 | | | |
| 项目 | 单位 | 数量 | 建筑体积指标(每 m³) | 项目 | 单位 | 数量 | 建筑体积指标(每 m³) |
| 土方开挖 | m³ | 104.458 | 3.410 | 土建人工 | 工日 | 158.395 | 5.171 |
| 混凝土垫层 | m³ | 1.643 | 0.054 | 商品混凝土 | m³ | 18.794 | 0.614 |
| 钢筋混凝土底板 | m³ | 4.113 | 0.134 | 钢材 | t | 2.771 | 0.090 |
| 钢筋混凝土侧墙 | m³ | 9.716 | 0.317 | 级配砂石 | t | 8.414 | 0.275 |
| 钢筋混凝土顶板 | m³ | 4.553 | 0.149 | 中砂 | t | 46.250 | 1.510 |
| 井点降水 | 根 | 0.811 | 0.026 | 碎石 | t | 2.393 | 0.078 |
| | | | | 其他材料费 | 元 | 53.86 | 1.76 |
| | | | | 机械使用费 | 元 | 7084.84 | 231.30 |

| 指标编号 | 5F－04 | | | 构筑物名称 | 人员出入口 | |
|---|---|---|---|---|---|---|
| 结构特征:底板厚400mm,壁板厚300mm,顶板厚400mm | | | | | | |
| 建筑体积 | 17.57m³ | | | 混凝土体积 | 16.31m³ | |
| 项目 | 单位 | 构筑物 | | 占指标基价的% | 折合指标 | |
| | | | | | 建筑体积(元/m³) | 混凝土体积(元/m³) |
| 指标基价 | 元 | 91144 | | 100% | 5187.66 | 5587.39 |

土建主要工程数量和主要工料数量

| 主要工程数量 | | | | 主要工料数量 | | | |
|---|---|---|---|---|---|---|---|
| 项目 | 单位 | 数量 | 建筑体积指标(每m³) | 项目 | 单位 | 数量 | 建筑体积指标(每m³) |
| 土方开挖 | m³ | 91.458 | 5.206 | 土建人工 | 工日 | 196.036 | 11.158 |
| 混凝土垫层 | m³ | 1.194 | 0.068 | 商品混凝土 | m³ | 19.196 | 1.093 |
| 钢筋混凝土底板 | m³ | 5.965 | 0.340 | 钢材 | t | 4.527 | 0.258 |
| 钢筋混凝土侧墙 | m³ | 5.576 | 0.317 | 木材 | m³ | 0.134 | 0.008 |
| 钢筋混凝土顶板 | m³ | 4.771 | 0.271 | 砂 | t | 1.518 | 0.086 |
| 井点降水—深井 | 根 | 0.833 | 0.047 | | | | |
| 钢板桩 | t | 16.431 | 0.935 | | | | |
| 预制方桩0.4×0.4 | m | 26.389 | 1.502 | 防盗井盖 | 元 | 46718.19 | 2659.06 |
| | | | | 其他材料费 | 元 | 709.55 | 40.39 |
| | | | | 机械使用费 | 元 | 13380.18 | 761.56 |

| 指标编号 | 5F－05 | | | 构筑物名称 | 人员出入口 | |
|---|---|---|---|---|---|---|
| 结构特征:底板厚300mm,壁板厚300mm,顶板厚300mm | | | | | | |
| 建筑体积 | 11.33m³ | | | 混凝土体积 | 5.87m³ | |
| 项目 | 单位 | 构筑物 | | 占指标基价的% | 折合指标 | |
| | | | | | 建筑体积(元/m³) | 混凝土体积(元/m³) |
| 指标基价 | 元 | 24115 | | 100% | 2128.42 | 4107.58 |

土建主要工程数量和主要工料数量

| 主要工程数量 | | | | 主要工料数量 | | | |
|---|---|---|---|---|---|---|---|
| 项目 | 单位 | 数量 | 建筑体积指标(每m³) | 项目 | 单位 | 数量 | 建筑体积指标(每m³) |
| 土方开挖 | m³ | 25.749 | 2.273 | 土建人工 | 工日 | 33.153 | 2.926 |
| 混凝土垫层 | m³ | 0.271 | 0.024 | 商品混凝土 | m³ | 6.900 | 0.609 |
| 钢筋混凝土底板 | m³ | 1.803 | 0.159 | 钢材 | t | 1.029 | 0.091 |
| 钢筋混凝土侧墙 | m³ | 2.266 | 0.200 | 木材 | m³ | 0.050 | 0.004 |
| 钢筋混凝土顶板 | m³ | 1.803 | 0.159 | 砂 | t | 0.905 | 0.080 |
| 井点降水 | 根 | 1.284 | 0.113 | 钢制防火门 | m² | 0.300 | 0.026 |
| | | | | 其他材料费 | 元 | 957.28 | 84.50 |
| | | | | 机械使用费 | 元 | 1375.96 | 121.46 |

| 指标编号 | 5F－06 | | | 构筑物名称 | 人防出入口 | | |
|---|---|---|---|---|---|---|---|
| 结构特征:底板厚250mm,壁板厚250mm,顶板厚250mm | | | | | | | |
| 建筑体积 | 6.02m³ | | | 混凝土体积 | 6.36m³ | | |
| 项目 | 单位 | 构筑物 | | 占指标基价的% | 折合指标 | | |
| | | | | | 建筑体积(元/m³) | | 混凝土体积(元/m³) |
| 指标基价 | 元 | 29134 | | 100% | 4839.53 | | 4580.82 |
| 土建主要工程数量和主要工料数量 | | | | | | | |
| 主要工程数量 | | | | 主要工料数量 | | | |
| 项目 | 单位 | 数量 | 建筑体积指标(每m³) | 项目 | 单位 | 数量 | 建筑体积指标(每m³) |
| 土方开挖 | m³ | 17.647 | 2.933 | 土建人工 | 工日 | 33.559 | 5.575 |
| 混凝土垫层 | m³ | 0.129 | 0.022 | 商品混凝土 | m³ | 7.490 | 1.244 |
| 钢筋混凝土底板 | m³ | 1.894 | 0.315 | 钢材 | t | 1.201 | 0.200 |
| 钢筋混凝土侧墙 | m³ | 2.567 | 0.427 | 木材 | m³ | 0.176 | 0.029 |
| 钢筋混凝土顶板 | m³ | 1.894 | 0.315 | 砂 | t | 0.746 | 0.124 |
| 井点降水 | 根 | 1.059 | 0.176 | 其他材料费 | 元 | 869.10 | 144.37 |
| | | | | 机械使用费 | 元 | 1302.40 | 216.35 |

| 指标编号 | 5F－07 | | | 构筑物名称 | 人员出入口 | | |
|---|---|---|---|---|---|---|---|
| 结构特征:底板厚500mm,壁板厚340～400mm,顶板厚400mm | | | | | | | |
| 建筑体积 | 58.11m³ | | | 混凝土体积 | 27.30m³ | | |
| 项目 | 单位 | 构筑物 | | 占建筑安装工程费的% | 折合指标 | | |
| | | | | | 建筑体积(元/m³) | | 混凝土体积(元/m³) |
| 指标基价 | | 115305 | | 100% | 1984.25 | | 4223.63 |
| 土建主要工程数量和主要工料数量 | | | | | | | |
| 主要工程数量 | | | | 主要工料数量 | | | |
| 项目 | 单位 | 数量 | 建筑体积指标(每m³) | 项目 | 单位 | 数量 | 建筑体积指标(每m³) |
| 土方开挖 | m³ | 199.070 | 3.426 | 土建人工 | 工日 | 171.664 | 2.954 |
| 混凝土垫层 | m³ | 1.522 | 0.026 | 商品混凝土 | m³ | 37.709 | 0.649 |
| 钢筋混凝土底板 | m³ | 7.606 | 0.131 | 钢材 | t | 6.966 | 0.120 |
| 钢筋混凝土侧墙 | m³ | 7.879 | 0.136 | 木材 | m³ | 0.341 | 0.006 |
| 钢筋混凝土顶板 | m³ | 11.815 | 0.203 | 砂 | t | 1.251 | 0.022 |
| 井点降水 | 根 | 1.300 | 0.022 | 钢制防火门 | m² | 0.756 | 0.013 |
| 桩锚支护(围护长度)(38138元/m) | m | 1.000 | 0.017 | 其他材料费 | 元 | 1236.77 | 21.28 |
| | | | | 机械使用费 | 元 | 11281.85 | 194.14 |

| 指标编号 | | 5F-08 | | 构筑物名称 | | 人员出入口 | |
|---|---|---|---|---|---|---|---|
| 结构特征:底板厚350mm,壁板厚350mm,顶板厚350mm | | | | | | | |
| 建筑体积 | | 31.05m³ | | 混凝土体积 | | 18.37m³ | |
| 项目 | 单位 | 构筑物 | | 占指标基价的% | 折合指标 | | |
| | | | | | 建筑体积(元/m³) | | 混凝土体积(元/m³) |
| 指标基价 | 元 | 116443 | | 100% | 3750.12 | | 6338.76 |
| 土建主要工程数量和主要工料数量 | | | | | | | |
| 主要工程数量 | | | | 主要工料数量 | | | |
| 项目 | 单位 | 数量 | 建筑体积指标(每m³) | 项目 | 单位 | 数量 | 建筑体积指标(每m³) |
| 土方开挖 | m³ | 85.509 | 2.754 | 土建人工 | 工日 | 167.937 | 5.409 |
| 混凝土垫层 | m³ | 2.564 | 0.083 | 商品混凝土 | m³ | 18.356 | 0.591 |
| 钢筋混凝土底板 | m³ | 5.880 | 0.189 | 钢材 | t | 2.545 | 0.082 |
| 钢筋混凝土侧墙 | m³ | 6.615 | 0.213 | 木材 | m³ | 0.002 | 0.000 |
| 钢筋混凝土顶板 | m³ | 5.880 | 0.189 | 砂 | t | 1.677 | 0.054 |
| | | | | 豆石 | t | 0.029 | 0.001 |
| | | | | 其他材料费 | 元 | 1216.80 | 39.19 |
| | | | | 机械使用费 | 元 | 8638.32 | 278.20 |

| 指标编号 | | 5F-09 | | 构筑物名称 | | 人员出入口 | |
|---|---|---|---|---|---|---|---|
| 结构特征:底板厚500mm,壁板厚400mm,顶板厚500mm | | | | | | | |
| 建筑体积 | | 83.49m³ | | 混凝土体积 | | 39.90m³ | |
| 项目 | 单位 | 构筑物 | | 占指标基价的% | 折合指标 | | |
| | | | | | 建筑体积(元/m³) | | 混凝土体积(元/m³) |
| 指标基价 | 元 | 136337 | | 100% | 1633.07 | | 3416.96 |
| 土建主要工程数量和主要工料数量 | | | | | | | |
| 主要工程数量 | | | | 主要工料数量 | | | |
| 项目 | 单位 | 数量 | 建筑体积指标(每m³) | 项目 | 单位 | 数量 | 建筑体积指标(每m³) |
| 土方开挖 | m³ | 162.000 | 1.940 | 土建人工 | 工日 | 237.374 | 2.843 |
| 混凝土垫层 | m³ | 3.040 | 0.036 | 商品混凝土 | m³ | 57.420 | 0.688 |
| 钢筋混凝土底板 | m³ | 15.000 | 0.180 | 钢材 | t | 9.217 | 0.110 |
| 钢筋混凝土侧墙 | m³ | 9.920 | 0.119 | 木材 | m³ | 0.433 | 0.005 |
| 钢筋混凝土顶板 | m³ | 15.000 | 0.180 | 砂 | t | 8.780 | 0.105 |
| 井点降水无缝钢管45×3 | m | 3.270 | 0.039 | 其他材料费 | 元 | 2044.85 | 24.49 |
| 桩锚支护(围护长度)(16491元/m) | m | 1.000 | 0.012 | 机械使用费 | 元 | 5639.72 | 67.55 |

# 2.6 交 叉 口

| 指标编号 | | 6F－01 | | 构筑物名称 | | | 交叉口 | |
|---|---|---|---|---|---|---|---|---|
| 结构特征:每处长 8m,底板厚 300mm,壁板厚 300mm,顶板厚 300mm | | | | | | | | |
| 建筑体积 | | 64.17m³ | | 混凝土体积 | | | 30.20m³ | |
| 项目 | 单位 | 构筑物 | | 占指标 基价的% | 折合指标 | | | |
| | | | | | 建筑体积(元/m³) | | 混凝土体积(元/m³) | |
| 指标基价 | 元 | 91628 | | 100% | 1427.95 | | 3034.89 | |
| 土建主要工程数量和主要工料数量 | | | | | | | | |
| 主要工程数量 | | | | 主要工料数量 | | | | |
| 项目 | 单位 | 数量 | 建筑体积指标 (每 m³) | 项目 | | 单位 | 数量 | 建筑体积指标(每 m³) |
| 混凝土垫层 | m³ | 3.303 | 0.051 | 土建人工 | | 工日 | 126.455 | 1.971 |
| 钢筋混凝土底板 | m³ | 9.436 | 0.147 | 商品混凝土 | | m³ | 35.598 | 0.555 |
| 钢筋混凝土侧墙 | m³ | 11.311 | 0.176 | 钢材 | | t | 5.285 | 0.082 |
| 钢筋混凝土顶板 | m³ | 9.436 | 0.147 | 木材 | | m³ | 0.782 | 0.012 |
| | | | | 其他材料费 | | 元 | 5717.76 | 89.11 |
| | | | | 机械使用费 | | 元 | 4249.46 | 66.23 |

| 指标编号 | | 6F－02 | | 构筑物名称 | | | 交叉口 | |
|---|---|---|---|---|---|---|---|---|
| 结构特征:每处长 15~63.25m,底板厚 500~800mm,壁板厚 400~600mm,顶板厚 500~800mm | | | | | | | | |
| 建筑体积 | | 2123.47m³ | | 混凝土体积 | | | 1327.17m³ | |
| 项目 | 单位 | 构筑物 | | 占指标 基价的% | 折合指标 | | | |
| | | | | | 建筑体积(元/m³) | | 混凝土体积(元/m³) | |
| 指标基价 | 元 | 5110555 | | 100% | 2406.70 | | 3850.72 | |
| 土建主要工程数量和主要工料数量 | | | | | | | | |
| 主要工程数量 | | | | 主要工料数量 | | | | |
| 项目 | 单位 | 数量 | 建筑体积指标 (每 m³) | 项目 | | 单位 | 数量 | 建筑体积指标(每 m³) |
| 土方开挖 | m³ | 7761.000 | 3.655 | 土建人工 | | 工日 | 7789.033 | 3.668 |
| 混凝土垫层 | m³ | 63.820 | 0.030 | 商品混凝土 | | m³ | 1790.224 | 0.843 |
| 钢筋混凝土底板 | m³ | 390.284 | 0.184 | 钢材 | | t | 324.711 | 0.153 |
| 钢筋混凝土侧墙 | m³ | 452.820 | 0.213 | 木材 | | m³ | 17.048 | 0.008 |
| 钢筋混凝土顶板 | m³ | 484.064 | 0.228 | 砂 | | t | 51.605 | 0.024 |
| 井点降水 | 根 | 103.740 | 0.049 | 其他材料费 | | 元 | 56746.89 | 26.72 |
| 桩锚支护(围护长度) (38138 元/m) | m | 41.250 | 0.019 | 机械使用费 | | 元 | 475857.72 | 224.09 |

| 指标编号 | 6F－03 | | | 构筑物名称 | | 交叉口 | |
|---|---|---|---|---|---|---|---|
| 结构特征:每处平均长24m,底板厚1200mm,壁板厚1200mm,顶板厚850mm | | | | | | | |
| 建筑体积 | 2259.18m³ | | | 混凝土体积 | | 1189.04m³ | |
| 项目 | 单位 | 构筑物 | | 占指标<br>基价的% | 折合指标 | | |
| | | | | | 建筑体积(元/m³) | | 混凝土体积(元/m³) |
| 指标基价 | 元 | 5563436 | | 100% | 2600.21 | | 4940.40 |
| 土建主要工程数量和主要工料数量 | | | | | | | |
| 主要工程数量 | | | | 主要工料数量 | | | |
| 项目 | 单位 | 数量 | 建筑体积指标<br>(每 m³) | 项目 | 单位 | 数量 | 建筑体积指标(每 m³) |
| 土方开挖 | m³ | 7795.5 | 3.451 | 土建人工 | 工日 | 9201.340 | 4.073 |
| 混凝土垫层 | m³ | 270.475 | 0.120 | 商品混凝土 | m³ | 1600.340 | 0.708 |
| 钢筋混凝土底板 | m³ | 340.675 | 0.151 | 钢材 | t | 56.035 | 0.025 |
| 钢筋混凝土侧墙 | m³ | 554.72 | 0.246 | 木材 | m³ | 3.072 | 0.001 |
| 钢筋混凝土顶板 | m³ | 293.645 | 0.130 | 砂 | t | 38.766 | 0.017 |
| 井点降水 | 根 | 4 | 0.002 | | | | |
| SMW 工法桩 | m³ | 5907.5 | 2.615 | | | | |
| 预制方桩 0.4×0.4 | m | 2031.5 | 0.899 | | | | |
| | | | | 其他材料费 | 元 | 33867.75 | 14.99 |
| | | | | 机械使用费 | 元 | 441297.39 | 195.34 |

| 指标编号 | 6F－04 | | | 构筑物名称 | | 交叉口 | |
|---|---|---|---|---|---|---|---|
| 结构特征:每处平均长24m,底板厚1200mm,壁板厚1200mm,顶板厚850mm | | | | | | | |
| 建筑体积 | 2219.77m³ | | | 混凝土体积 | | 1393.67m³ | |
| 项目 | 单位 | 构筑物 | | 占指标<br>基价的% | 折合指标 | | |
| | | | | | 建筑体积(元/m³) | | 混凝土体积(元/m³) |
| 指标基价 | 元 | 5831958 | | 100% | 2627.28 | | 4184.60 |
| 土建主要工程数量和主要工料数量 | | | | | | | |
| 主要工程数量 | | | | 主要工料数量 | | | |
| 项目 | 单位 | 数量 | 建筑体积指标<br>(每 m³) | 项目 | 单位 | 数量 | 建筑体积指标(每 m³) |
| 土方开挖 | m³ | 10457.5 | 4.711 | 土建人工 | 工日 | 11159.5 | 5.027 |
| 混凝土垫层 | m³ | 210.45 | 0.095 | 商品混凝土 | m³ | 2800.19 | 1.261 |
| 钢筋混凝土底板 | m³ | 448.2 | 0.202 | 钢材 | t | 286.300 | 0.129 |
| 钢筋混凝土侧墙 | m³ | 727.55 | 0.328 | 木材 | m³ | 5.375 | 0.002 |
| 钢筋混凝土顶板 | m³ | 99.8 | 0.045 | 砂 | t | 67.83 | 0.031 |
| 土钉墙 | m² | 799.9 | 0.360 | 水泥 | kg | 165222.5 | 74.343 |
| 钻孔灌注桩 | m³ | 832.1 | 0.375 | 豆石 | t | 85.314 | 0.038 |
| 锚杆 | m | 1748 | 0.787 | | | | |
| | | | | 其他材料费 | 元 | 59260.00 | 26.70 |
| | | | | 机械使用费 | 元 | 614309.00 | 276.75 |

| 指标编号 | 6F－05 | | | 构筑物名称 | 交叉口 | |
|---|---|---|---|---|---|---|
| 结构特征:每处长9m,底板厚400mm,壁板厚400mm,顶板厚400mm | | | | | | |
| 建筑体积 | 396.05m³ | | | 混凝土体积 | 219.18m³ | |
| 项目 | 单位 | 构筑物 | | 占指标基价的% | 折合指标 | |
| | | | | | 建筑体积(元/m³) | 混凝土体积(元/m³) |
| 指标基价 | 元 | 813223 | | 100% | 2053.32 | 3710.27 |
| 土建主要工程数量和主要工料数量 | | | | | | |
| 主要工程数量 | | | | 主要工料数量 | | |
| 项目 | 单位 | 数量 | 建筑体积指标(每m³) | 项目 | 单位 | 数量 | 建筑体积指标(每m³) |
| 土方开挖 | m³ | 866.52 | 2.205 | 土建人工 | 工日 | 2003.25 | 5.058 |
| 混凝土垫层 | m³ | 29.15 | 0.074 | 商品混凝土 | m³ | 213.27 | 0.538 |
| 钢筋混凝土底板 | m³ | 70.14 | 0.177 | 钢材 | t | 29.62 | 0.075 |
| 钢筋混凝土侧墙 | m³ | 78.91 | 0.200 | 木材 | m³ | 0.04 | 0.00 |
| 钢筋混凝土顶板 | m³ | 70.14 | 0.177 | 砂 | t | 48.05 | 0.121 |
| | | | | 豆石 | t | 0.63 | 0.00 |
| | | | | 其他材料费 | 元 | 15960.26 | 40.30 |
| | | | | 机械使用费 | 元 | 93629.99 | 236.41 |

| 指标编号 | 6F－06 | | | 构筑物名称 | 交叉口 | |
|---|---|---|---|---|---|---|
| 结构特征:每处长48m,底板厚600mm,壁板厚500~800mm,顶板厚600~800mm | | | | | | |
| 建筑体积 | 3089.33m³ | | | 混凝土体积 | 1930.83m³ | |
| 项目 | 单位 | 构筑物 | | 占指标基价的% | 折合指标 | |
| | | | | | 建筑体积(元/m³) | 混凝土体积(元/m³) |
| 指标基价 | 元 | 7026400 | | 100% | 2274.41 | 3639.05 |
| 土建主要工程数量和主要工料数量 | | | | | | |
| 主要工程数量 | | | | 主要工料数量 | | |
| 项目 | 单位 | 数量 | 建筑体积指标(每m³) | 项目 | 单位 | 数量 | 建筑体积指标(每m³) |
| 土方开挖 | m³ | 21385.833 | 6.922 | 土建人工 | 工日 | 11491.307 | 3.720 |
| 混凝土垫层 | m³ | 147.035 | 0.048 | 商品混凝土 | m³ | 2853.926 | 0.924 |
| 钢筋混凝土底板 | m³ | 725.500 | 0.235 | 钢材 | t | 204.373 | 0.066 |
| 钢筋混凝土侧墙 | m³ | 479.797 | 0.155 | 木材 | m³ | 21.340 | 0.007 |
| 钢筋混凝土顶板 | m³ | 725.500 | 0.235 | 砂 | t | 446.626 | 0.145 |
| 井点降水无缝钢管45×3 | m | 130.800 | 0.042 | 碎(砾)石 | t | 1770.150 | 0.573 |
| 桩锚支护(围护长度)(16491元/m) | m | 40.000 | 0.013 | 其他材料费 | 元 | 104180.61 | 33.72 |
| | | | | 机械使用费 | 元 | 155794.16 | 50.43 |

# 2.7 端 部 井

单位:m

| 指标编号 | | 7F-01 | | | 构筑物名称 | | | 端部井 | |
|---|---|---|---|---|---|---|---|---|---|
| 结构特征:底板厚300mm,壁板厚300mm,顶板厚300mm | | | | | | | | | |
| 建筑体积 | | 8.41m³ | | | 混凝土体积 | | | 4.78m³ | |
| 项目 | 单位 | 构筑物 | | | 占指标<br>基价的% | 折合指标 | | | |
| | | | | | | 建筑体积(元/m³) | | 混凝土体积(元/m³) | |
| 指标基价 | 元 | 19114 | | | 100% | 2273.01 | | 4001.01 | |
| 土建主要工程数量和主要工料数量 | | | | | | | | | |
| 主要工程数量 | | | | | 主要工料数量 | | | | |
| 项目 | 单位 | 数量 | 建筑体积指标<br>(每m³) | | 项目 | 单位 | 数量 | 建筑体积指标(每m³) | |
| 土方开挖 | m³ | 52.977 | 6.300 | | 土建人工 | 工日 | 48.105 | 5.721 | |
| 混凝土垫层 | m³ | 0.463 | 0.055 | | 商品混凝土 | m³ | 4.629 | 0.550 | |
| 钢筋混凝土底板 | m³ | 1.360 | 0.162 | | 钢材 | t | 0.586 | 0.070 | |
| 钢筋混凝土侧墙 | m³ | 2.114 | 0.251 | | 木材 | m³ | 0.001 | 0.000 | |
| 钢筋混凝土顶板 | m³ | 1.303 | 0.155 | | 砂 | t | 1.213 | 0.144 | |
| | | | | | 豆石 | t | 0.015 | 0.002 | |
| | | | | | 其他材料费 | 元 | 401.22 | 47.71 | |
| | | | | | 机械使用费 | 元 | 2490.90 | 296.22 | |

单位:m

| 指标编号 | | 7F-02 | | | 构筑物名称 | | | 端部井 | |
|---|---|---|---|---|---|---|---|---|---|
| 结构特征:底板厚400mm,壁板厚400mm,顶板厚400mm | | | | | | | | | |
| 建筑体积 | | 17.47m³ | | | 混凝土体积 | | | 14.26m³ | |
| 项目 | 单位 | 构筑物 | | | 占指标<br>基价的% | 折合指标 | | | |
| | | | | | | 建筑体积(元/m³) | | 混凝土体积(元/m³) | |
| 指标基价 | 元 | 45419 | | | 100% | 2599.70 | | 3185.64 | |
| 土建主要工程数量和主要工料数量 | | | | | | | | | |
| 主要工程数量 | | | | | 主要工料数量 | | | | |
| 项目 | 单位 | 数量 | 建筑体积指标<br>(每m³) | | 项目 | 单位 | 数量 | 建筑体积指标<br>(每m³) | |
| 土方开挖 | m³ | 146.819 | 8.404 | | 土建人工 | 工日 | 73.943 | 4.232 | |
| 混凝土垫层 | m³ | 0.647 | 0.037 | | 商品混凝土 | m³ | 16.340 | 0.935 | |
| 钢筋混凝土底板 | m³ | 2.589 | 0.148 | | 钢材 | t | 2.293 | 0.131 | |
| 钢筋混凝土侧墙 | m³ | 9.080 | 0.520 | | 木材 | m³ | 0.143 | 0.008 | |
| 钢筋混凝土顶板 | m³ | 2.589 | 0.148 | | 砂 | t | 0.851 | 0.049 | |
| 土钉墙 | m² | 70.523 | 4.037 | | | | | | |
| | | | | | 其他材料费 | 元 | 527.70 | 30.20 | |
| | | | | | 机械使用费 | 元 | 2613.72 | 149.60 | |

| 指标编号 | | 7F－03 | | 构筑物名称 | | 端部井 | |
|---|---|---|---|---|---|---|---|
| 结构特征:底板厚500mm,壁板厚350～500mm,顶板厚500mm | | | | | | | |
| 建筑体积 | | 53.26m³ | | 混凝土体积 | | 23.40m³ | |
| 项目 | 单位 | 构筑物 | | 占指标基价的% | 折合指标 | | |
| | | | | | 建筑体积(元/m³) | | 混凝土体积(元/m³) |
| 指标基价 | 元 | 116621 | | 100% | 2189.53 | | 4983.80 |
| 土建主要工程数量和主要工料数量 | | | | | | | |

| 主要工程数量 | | | | 主要工料数量 | | | |
|---|---|---|---|---|---|---|---|
| 项目 | 单位 | 数量 | 建筑体积指标(每m³) | 项目 | 单位 | 数量 | 建筑体积指标(每m³) |
| 土方开挖 | m³ | 199.070 | 3.737 | 土建人工 | 工日 | 174.962 | 3.285 |
| 混凝土垫层 | m³ | 3.290 | 0.062 | 商品混凝土 | m³ | 37.993 | 0.713 |
| 钢筋混凝土底板 | m³ | 8.569 | 0.161 | 钢材 | t | 6.751 | 0.127 |
| 钢筋混凝土侧墙 | m³ | 7.841 | 0.147 | 木材 | m³ | 0.309 | 0.006 |
| 钢筋混凝土顶板 | m³ | 6.994 | 0.131 | 砂 | t | 1.315 | 0.025 |
| 井点降水 | 根 | 1.333 | 0.025 | 其他材料费 | 元 | 1300.24 | 24.41 |
| 桩锚支护(围护长度)(38138元/m) | m | 1.000 | 0.067 | 机械使用费 | 元 | 11467.00 | 215.30 |

| 指标编号 | | 7F－04 | | 构筑物名称 | | 端部井 | |
|---|---|---|---|---|---|---|---|
| 结构特征:底板厚800mm,壁板厚800mm,顶板厚600mm | | | | | | | |
| 建筑体积 | | 100.43m³ | | 混凝土体积 | | 41.71m³ | |
| 项目 | 单位 | 构筑物 | | 占指标基价的% | 折合指标 | | |
| | | | | | 建筑体积(元/m³) | | 混凝土体积(元/m³) |
| 指标基价 | 元 | 123159 | | 100% | 1226.32 | | 2952.75 |
| 土建主要工程数量和主要工料数量 | | | | | | | |

| 主要工程数量 | | | | 主要工料数量 | | | |
|---|---|---|---|---|---|---|---|
| 项目 | 单位 | 数量 | 建筑体积指标(每m³) | 项目 | 单位 | 数量 | 建筑体积指标(每m³) |
| 土方开挖 | m³ | 289.181 | 2.879 | 土建人工 | 工日 | 202.135 | 2.013 |
| 混凝土垫层 | m³ | 4.270 | 0.043 | 商品混凝土 | m³ | 41.708 | 0.415 |
| 钢筋混凝土底板 | m³ | 16.655 | 0.166 | 钢材 | t | 6.833 | 0.068 |
| 钢筋混凝土侧墙 | m³ | 14.520 | 0.145 | 木材 | m³ | 0.107 | 0.001 |
| 钢筋混凝土顶板 | m³ | 9.964 | 0.099 | 砂 | t | 7.117 | 0.071 |
| 井点降水 | 根 | 3.132 | 0.031 | 电缆密封件 | 个 | 3.416 | 0.034 |
| | | | | 通信密封件 | 个 | 2.581 | 0.033 |
| | | | | 其他材料费 | 元 | 7473.12 | 94.37 |
| | | | | 机械使用费 | 元 | 10000.00 | 126.28 |

| 指标编号 | 7F-05 | | 构筑物名称 | 端部井 | |
|---|---|---|---|---|---|
| 结构特征:底板厚500mm,壁板厚400mm,顶板厚500mm | | | | | |
| 建筑体积 | 88.28m³ | | 混凝土体积 | 39.93m³ | |
| 项目 | 单位 | 构筑物 | 占指标基价的% | 折合指标 | |
| | | | | 建筑体积(元/m³) | 混凝土体积(元/m³) |
| 指标基价 | 元 | 147175 | 100% | 1667.23 | 3685.52 |
| 土建主要工程数量和主要工料数量 | | | | | |

| 主要工程数量 | | | | 主要工料数量 | | | |
|---|---|---|---|---|---|---|---|
| 项目 | 单位 | 数量 | 建筑体积指标(每m³) | 项目 | 单位 | 数量 | 建筑体积指标(每m³) |
| 土方开挖 | m³ | 208.000 | 2.356 | 土建人工 | 工日 | 252.234 | 2.857 |
| 混凝土垫层 | m³ | 1.520 | 0.017 | 商品混凝土 | m³ | 61.730 | 0.699 |
| 钢筋混凝土底板 | m³ | 15.000 | 0.170 | 钢材 | t | 9.781 | 0.111 |
| 钢筋混凝土侧墙 | m³ | 9.920 | 0.112 | 木材 | m³ | 0.469 | 0.005 |
| 钢筋混凝土顶板 | m³ | 15.000 | 0.170 | 砂 | t | 9.489 | 0.107 |
| 井点降水 无缝钢管45×3 | m | 3.270 | 0.037 | 其他材料费 | 元 | 2191.20 | 24.82 |
| 桩锚支护 (围护长度) (16491元/m) | m | 1.000 | 0.011 | 机械使用费 | 元 | 5717.06 | 64.76 |

# 2.8 分 变 电 所

| 指标编号 | 8F-01 | | 构筑物名称 | 分变电所 | |
|---|---|---|---|---|---|
| 结构特征:底板厚550mm,壁板厚500mm,顶板厚500mm | | | | | |
| 建筑体积 | 62.18m³ | | 混凝土体积 | 18.77m³ | |
| 项目 | 单位 | 构筑物 | 占指标基价的% | 折合指标 | |
| | | | | 建筑体积(元/m³) | 混凝土体积(元/m³) |
| 指标基价 | 元 | 61867 | 100% | 994.95 | 3296.05 |
| 土建主要工程数量和主要工料数量 | | | | | |

| 主要工程数量 | | | | 主要工料数量 | | | |
|---|---|---|---|---|---|---|---|
| 项目 | 单位 | 数量 | 建筑体积指标(每m³) | 项目 | 单位 | 数量 | 建筑体积指标(每m³) |
| 土方开挖 | m³ | 142.059 | 2.285 | 土建人工 | 工日 | 113.059 | 1.818 |
| 混凝土垫层 | m³ | 2.059 | 0.033 | 商品混凝土 | m³ | 19.529 | 0.314 |
| 钢筋混凝土底板 | m³ | 5.647 | 0.091 | 钢材 | t | 3.176 | 0.051 |
| 钢筋混凝土侧墙 | m³ | 8.059 | 0.130 | 木材 | m³ | 0.094 | 0.002 |
| 钢筋混凝土顶板 | m³ | 5.059 | 0.081 | 砂 | t | 1.882 | 0.030 |
| 井点降水 | 根 | 1.647 | 0.026 | 钢制防火门 | m² | 0.265 | 0.004 |
| | | | | 防盗井盖 | 座 | 0.054 | 0.001 |
| | | | | 其他材料费 | 元 | 6344.09 | 80.11 |
| | | | | 机械使用费 | 元 | 5967.74 | 75.36 |

| 指标编号 | 8F-02 | | 构筑物名称 | | | 分变电所 | |
|---|---|---|---|---|---|---|---|
| 结构特征:每处长 14m,底板厚 500mm,壁板厚 500mm,顶板厚 500mm | | | | | | | |
| 建筑体积 | 470.93m³ | | | 混凝土体积 | | 227.66m³ | |
| 项目 | 单位 | 构筑物 | | 占指标<br>基价的% | 折合指标 | | |
| | | | | | 建筑体积(元/m³) | | 混凝土体积(元/m³) |
| 指标基价 | 元 | 67852 | | 100% | 2017.15 | | 3788.26 |
| 土建主要工程数量和主要工料数量 | | | | | | | |
| 主要工程数量 | | | | 主要工料数量 | | | |
| 项目 | 单位 | 数量 | 建筑体积<br>指标(每 m³) | 项目 | 单位 | 数量 | 建筑体积指标(每 m³) |
| 土方开挖 | m³ | 80.77 | 0.172 | 土建人工 | 工日 | 169.50 | 0.360 |
| 混凝土垫层 | m³ | 1.18 | 0.003 | 商品混凝土 | m³ | 17.74 | 0.037 |
| 钢筋混凝土底板 | m³ | 3.56 | 0.008 | 钢材 | t | 3.02 | 0.006 |
| 钢筋混凝土侧墙 | m³ | 9.15 | 0.019 | 木材 | m³ | 0.00 | 0.00 |
| 钢筋混凝土顶板 | m³ | 3.56 | 0.008 | 砂 | t | 4.74 | 0.010 |
| | | | | 豆石 | t | 3.23 | 0.007 |
| | | | | 其他材料费 | 元 | 1584.12 | 3.36 |
| | | | | 机械使用费 | 元 | 4407.93 | 9.36 |

# 2.9  分变电所—水泵房

| 指标编号 | 9F-01 | | 构筑物名称 | | | 分变电所—水泵房 | |
|---|---|---|---|---|---|---|---|
| 结构特征:底板厚 1000mm,壁板厚 600mm,顶板厚 1000mm | | | | | | | |
| 建筑体积 | 1480.6m³ | | | 混凝土体积 | | 692.39m³ | |
| 项目 | 单位 | 构筑物 | | 占指标<br>基价的% | 折合指标 | | |
| | | | | | 建筑体积(元/m³) | | 混凝土体积(元/m³) |
| 指标基价 | 元 | 1517568 | | 100% | 1024.97 | | 2191.78 |
| 土建主要工程数量和主要工料数量 | | | | | | | |
| 主要工程数量 | | | | 主要工料数量 | | | |
| 项目 | 单位 | 数量 | 建筑体积指标<br>(每 m³) | 项目 | 单位 | 数量 | 建筑体积指标(每 m³) |
| 土方开挖 | m³ | 2588 | 1.748 | 土建人工 | 工日 | 2593.7 | 1.752 |
| 混凝土垫层 | m³ | 168.57 | 0.114 | 商品混凝土 | m³ | 898.2 | 0.607 |
| 钢筋混凝土底板 | m³ | 250 | 0.169 | 钢材 | t | 85.771 | 0.058 |
| 钢筋混凝土侧墙 | m³ | 195.63 | 0.132 | 木材 | m³ | 6.554 | 0.004 |
| 钢筋混凝土顶板 | m³ | 246.76 | 0.167 | 砂 | t | 8.544 | 0.006 |
| | | | | 其他材料费 | 元 | 16027.00 | 10.83 |
| | | | | 机械使用费 | 元 | 83802.00 | 56.60 |

| 指标编号 | 9F - 02 | | 构筑物名称 | 分变电所 - 水泵房 | |
|---|---|---|---|---|---|
| 结构特征:底板厚700mm,壁板厚700mm,顶板厚700mm | | | | | |
| 建筑体积 | 1754m³ | | 混凝土体积 | 672.05m³ | |
| 项目 | 单位 | 构筑物 | 占指标基价的% | 折合指标 | |
| | | | | 建筑体积(元/m³) | 混凝土体积(元/m³) |
| 指标基价 | 元 | 5065441 | 100% | 432.60 | 1129.06 |
| 土建主要工程数量和主要工料数量 | | | | | |

| 主要工程数量 | | | | 主要工料数量 | | | |
|---|---|---|---|---|---|---|---|
| 项目 | 单位 | 数量 | 建筑体积指标(每m³) | 项目 | 单位 | 数量 | 建筑体积指标(每m³) |
| 土方开挖 | m³ | 3339 | 1.904 | 土建人工 | 工日 | 8330.642 | 4.750 |
| 混凝土垫层 | m³ | 28.5 | 0.016 | 商品混凝土 | m³ | 768.144 | 0.438 |
| 钢筋混凝土底板 | m³ | 199.25 | 0.114 | 钢材 | t | 161.635 | 0.092 |
| 钢筋混凝土侧墙 | m³ | 302 | 0.172 | 木材 | m³ | 5.605 | 0.003 |
| 钢筋混凝土顶板 | m³ | 170.8 | 0.097 | 砂 | t | 7.307 | 0.004 |
| 井点降水 | 根 | 5 | | | | | |
| SMW工法桩 | m³ | 13101.5 | | | | | |
| 预制方桩0.4×0.4 | m | 1744.5 | | | | | |
| | | | | 其他材料费 | 元 | 13706.35 | 7.81 |
| | | | | 机械使用费 | 元 | 282599.95 | 161.12 |

# 2.10 倒 虹 段

| 指标编号 | 10F - 01 | | 构筑物名称 | 倒虹段 | |
|---|---|---|---|---|---|
| 结构特征:L=40.1m,底板厚700mm,壁板厚600mm,顶板厚600mm | | | | | |
| 建筑体积 | 51.15m³ | | 混凝土体积 | 19.68m³ | |
| 项目 | 单位 | 构筑物 | 占指标基价的% | 折合指标 | |
| | | | | 建筑体积(元/m³) | 混凝土体积(元/m³) |
| 指标基价 | 元 | 64350 | 100% | 1258.07 | 3269.82 |
| 土建主要工程数量和主要工料数量 | | | | | |

| 主要工程数量 | | | | 主要工料数量 | | | |
|---|---|---|---|---|---|---|---|
| 项目 | 单位 | 数量 | 建筑体积指标(每m³) | 项目 | 单位 | 数量 | 建筑体积指标(每m³) |
| 土方开挖 | m³ | 96.858 | 1.894 | 土建人工 | 工日 | 107.656 | 2.105 |
| 混凝土垫层 | m³ | 2.444 | 0.048 | 商品混凝土 | m³ | 22.369 | 0.437 |
| 钢筋混凝土底板 | m³ | 8.229 | 0.161 | 钢材 | t | 3.666 | 0.072 |
| 钢筋混凝土侧墙 | m³ | 6.658 | 0.130 | 木材 | m³ | 0.067 | 0.001 |
| 钢筋混凝土顶板 | m³ | 4.788 | 0.094 | 砂 | t | 3.342 | 0.065 |
| 井点降水(喷射) | 根 | 0.998 | 0.020 | 其他材料费 | 元 | 4239.40 | 82.88 |
| | | | | 机械使用费 | 元 | 8229.43 | 160.89 |

| 指标编号 | | 10F-02 | | 构筑物名称 | | 倒虹段 | |
|---|---|---|---|---|---|---|---|
| 结构特征:$L=72m$,底板厚800mm,壁板厚700mm,顶板厚700mm | | | | | | | |
| 建筑体积 | | 61.65m³ | | 混凝土体积 | | 26.93m³ | |
| 项目 | 单位 | 构筑物 | | 占指标基价的% | 折合指标 | | |
| | | | | | 建筑体积(元/m³) | | 混凝土体积(元/m³) |
| 指标基价 | 元 | 75885 | | 100% | 1230.90 | | 2817.87 |

土建主要工程数量和主要工料数量

| 主要工程数量 | | | | 主要工料数量 | | | |
|---|---|---|---|---|---|---|---|
| 项目 | 单位 | 数量 | 建筑体积指标(每 m³) | 项目 | 单位 | 数量 | 建筑体积指标(每 m³) |
| 土方开挖 | m³ | 141.486 | 2.295 | 土建人工 | 工日 | 127.819 | 2.073 |
| 混凝土垫层 | m³ | 2.500 | 0.041 | 商品混凝土 | m³ | 26.931 | 0.437 |
| 钢筋混凝土底板 | m³ | 9.042 | 0.147 | 钢材 | t | 4.403 | 0.071 |
| 钢筋混凝土侧墙 | m³ | 8.750 | 0.142 | 木材 | m³ | 0.075 | 0.001 |
| 钢筋混凝土顶板 | m³ | 6.361 | 0.103 | 砂 | t | 3.444 | 0.056 |
| 井点降水(喷射) | 根 | 1.000 | 0.016 | 其他材料费 | 元 | 4861.11 | 78.85 |
| | | | | 机械使用费 | 元 | 9583.33 | 155.45 |

| 指标编号 | | 10F-03 | | 构筑物名称 | | 倒虹段 | |
|---|---|---|---|---|---|---|---|
| 结构特征:倒虹段4处,平均处长184m,底板厚900mm,壁板厚600mm,顶板厚800mm | | | | | | | |
| 建筑体积 | | 32.74m³ | | 混凝土体积 | | 23.40m³ | |
| 项目 | 单位 | 构筑物 | | 占指标基价的% | 折合指标 | | |
| | | | | | 建筑体积(元/m³) | | 混凝土体积(元/m³) |
| 指标基价 | 元 | 90667 | | 100% | 2769.45 | | 3874.52 |

土建主要工程数量和主要工料数量

| 主要工程数量 | | | | 主要工料数量 | | | |
|---|---|---|---|---|---|---|---|
| 项目 | 单位 | 数量 | 建筑体积指标(每 m³) | 项目 | 单位 | 数量 | 建筑体积指标(每 m³) |
| 土方开挖 | m³ | 203.597 | 6.219 | 土建人工 | 工日 | 163.207 | 4.985 |
| 混凝土垫层 | m³ | 1.086 | 0.033 | 商品混凝土 | m³ | 40.350 | 1.232 |
| 钢筋混凝土底板 | m³ | 8.318 | 0.254 | 钢材 | t | 4.618 | 0.141 |
| 钢筋混凝土侧墙 | m³ | 7.898 | 0.241 | 木材 | m³ | 0.081 | 0.002 |
| 钢筋混凝土顶板 | m³ | 7.185 | 0.219 | 砂 | t | 1.344 | 0.041 |
| 土钉墙 | m² | 19.303 | 0.590 | 水泥 | kg | 3000.430 | 91.648 |
| 钻孔灌注桩 | m³ | 9.945 | 0.304 | 豆石 | t | 2.055 | 0.063 |
| 锚杆 | m | 23.079 | 0.705 | | | | |
| | | | | 其他材料费 | 元 | 994.29 | 30.37 |
| | | | | 机械使用费 | 元 | 10192.67 | 311.34 |

| 指标编号 | | 10F－04 | | 构筑物名称 | | 倒虹段 | | |
|---|---|---|---|---|---|---|---|---|
| 结构特征:倒虹段6处,平均处长83.85m,底板厚1000mm,壁板厚600mm,顶板厚700mm | | | | | | | | |
| 建筑体积 | | 32.10m³ | | 混凝土体积 | | 21.51m³ | | |
| 项目 | 单位 | 构筑物 | | 占指标基价的% | | 折合指标 | | |
| | | | | | | 建筑体积(元/m³) | | 混凝土体积(元/m³) |
| 指标基价 | 元 | 120009 | | 100% | | 3738.61 | | 5579.74 |
| 土建主要工程数量和主要工料数量 | | | | | | | | |
| 主要工程数量 | | | | 主要工料数量 | | | | |
| 项目 | 单位 | 数量 | 建筑体积指标(每m³) | 项目 | 单位 | 数量 | | 建筑体积指标(每m³) |
| 土方开挖 | m³ | 126.202 | 3.932 | 土建人工 | 工日 | 209.155 | | 6.516 |
| 混凝土垫层 | m³ | 0.836 | 0.026 | 商品混凝土 | m³ | 38.954 | | 1.214 |
| 钢筋混凝土底板 | m³ | 7.734 | 0.241 | 钢材 | t | 4.517 | | 0.141 |
| 钢筋混凝土侧墙 | m³ | 8.449 | 0.263 | 木材 | m³ | 0.119 | | 0.004 |
| 钢筋混凝土顶板 | m³ | 5.325 | 0.166 | 砂 | t | 1.966 | | 0.061 |
| 井点降水 | 根 | 0.058 | 0.002 | 水泥 | kg | 47676.00 | | 1485.230 |
| SMW工法桩 | m³ | 146.440 | 4.562 | 支护用管材 | t | 1.339 | | 0.042 |
| 预制方桩0.4×0.4 | m | 19.497 | 0.607 | | | | | |
| | | | | 其他材料费 | 元 | 1454.57 | | 45.31 |
| | | | | 机械使用费 | 元 | 13306.88 | | 414.55 |

| 指标编号 | | 10F－05 | | 构筑物名称 | | 倒虹段 | | |
|---|---|---|---|---|---|---|---|---|
| 结构特征:底板厚700mm,壁板厚700mm,顶板厚450mm | | | | | | | | |
| 建筑体积 | | 123.26m³ | | 混凝土体积 | | 39.58m³ | | |
| 项目 | 单位 | 构筑物 | | 占指标基价的% | | 折合指标 | | |
| | | | | | | 建筑体积(元/m³) | | 混凝土体积(元/m³) |
| 指标基价 | 元 | 141414 | | 100% | | 1147.32 | | 3573.11 |
| 土建主要工程数量和主要工料数量 | | | | | | | | |
| 主要工程数量 | | | | 主要工料数量 | | | | |
| 项目 | 单位 | 数量 | 建筑体积指标(每m³) | 项目 | 单位 | 数量 | | 建筑体积指标(每m³) |
| 土方开挖 | m³ | 210.158 | 1.705 | 土建人工 | 工日 | 334.990 | | 2.718 |
| 喷射混凝土 | m³ | 2.436 | 0.020 | 商品混凝土 | m³ | 43.435 | | 0.352 |
| 混凝土垫层 | m³ | 1.420 | 0.012 | 钢材 | t | 9.273 | | 0.075 |
| 钢筋混凝土底板 | m³ | 9.940 | 0.081 | 木材 | m³ | 1.930 | | 0.016 |
| 钢筋混凝土侧墙 | m³ | 15.400 | 0.125 | 中砂 | t | 13.750 | | 0.112 |
| 钢筋混凝土顶板 | m³ | 12.750 | 0.103 | 碎石 | t | 0.777 | | 0.006 |
| | | | | 其他材料费 | 元 | 1567.32 | | 12.72 |
| | | | | 机械使用费 | 元 | 9574.32 | | 77.68 |

# 2.11 其 他

| 指标编号 | | 11F - 01 | | 构筑物名称 | | 电力、通信出线井 | |
|---|---|---|---|---|---|---|---|
| 结构特征:底板厚300mm,壁板厚300mm,顶板厚300mm | | | | | | | |
| 建筑体积 | | 26.40m³ | | 混凝土体积 | | 8.97m³ | |
| 项目 | 单位 | 构筑物 | | 占指标基价的% | 折合指标 | | |
| | | | | | 建筑体积(元/m³) | | 混凝土体积(元/m³) |
| 指标基价 | 元 | 44770 | | 100% | 1695.84 | | 4991.23 |
| 土建主要工程数量和主要工料数量 | | | | | | | |

| 主要工程数量 | | | | 主要工料数量 | | | |
|---|---|---|---|---|---|---|---|
| 项目 | 单位 | 数量 | 建筑体积指标(每 m³) | 项目 | 单位 | 数量 | 建筑体积指标(每 m³) |
| 土方开挖 | m³ | 70.445 | 2.668 | 土建人工 | 工日 | 90.538 | 3.429 |
| 混凝土垫层 | m³ | 0.754 | 0.029 | 商品混凝土 | m³ | 9.203 | 0.349 |
| 钢筋混凝土底板 | m³ | 2.269 | 0.086 | 钢材 | t | 1.265 | 0.048 |
| 钢筋混凝土侧墙 | m³ | 4.129 | 0.156 | 级配砂石 | t | 11.591 | 0.439 |
| 钢筋混凝土顶板 | m³ | 2.572 | 0.097 | 中砂 | t | 50.075 | 1.897 |
| 井点降水 | 根 | 0.795 | 0.030 | 碎石 | t | 2.020 | 0.077 |
| | | | | 其他材料费 | 元 | 27.14 | 1.03 |
| | | | | 机械使用费 | 元 | 5486.20 | 207.81 |

| 指标编号 | | 11F - 02 | | 构筑物名称 | | 电力、通信出线井 | |
|---|---|---|---|---|---|---|---|
| 结构特征:底板厚350mm,壁板厚350mm,顶板厚350mm | | | | | | | |
| 建筑体积 | | 14.80m³ | | 混凝土体积 | | 6.04m³ | |
| 项目 | 单位 | 构筑物 | | 占指标基价的% | 折合指标 | | |
| | | | | | 建筑体积(元/m³) | | 混凝土体积(元/m³) |
| 指标基价 | 元 | 32657 | | 100% | 2206.52 | | 5411.06 |
| 土建主要工程数量和主要工料数量 | | | | | | | |

| 主要工程数量 | | | | 主要工料数量 | | | |
|---|---|---|---|---|---|---|---|
| 项目 | 单位 | 数量 | 建筑体积指标(每 m³) | 项目 | 单位 | 数量 | 建筑体积指标(每 m³) |
| 土方开挖 | m³ | 42.840 | 2.895 | 土建人工 | 工日 | 68.728 | 4.644 |
| 混凝土垫层 | m³ | 0.459 | 0.031 | 商品混凝土 | m³ | 6.180 | 0.418 |
| 钢筋混凝土底板 | m³ | 1.538 | 0.104 | 钢材 | t | 0.886 | 0.060 |
| 钢筋混凝土侧墙 | m³ | 3.272 | 0.221 | 级配砂石 | t | 7.569 | 0.511 |
| 钢筋混凝土顶板 | m³ | 1.226 | 0.083 | 中砂 | t | 25.451 | 1.720 |
| 井点降水 | 根 | 0.784 | 0.053 | 碎石 | t | 1.135 | 0.077 |
| | | | | 其他材料费 | 元 | 24.00 | 1.62 |
| | | | | 机械使用费 | 元 | 4489.84 | 303.37 |

単位:m

| 指标编号 | | 11F-03 | | 构筑物名称 | | 通信出线井 | |
|---|---|---|---|---|---|---|---|
| 结构特征:底板厚300mm,壁板厚300mm,顶板厚300mm | | | | | | | |
| 建筑体积 | | 17.40m³ | | 混凝土体积 | | 8.46m³ | |
| 项目 | 单位 | 构筑物 | | 占指标基价的% | 折合指标 | | |
| | | | | | 建筑体积(元/m³) | | 混凝土体积(元/m³) |
| 指标基价 | 元 | 40704 | | 100% | 2339.33 | | 4811.35 |
| 土建主要工程数量和主要工料数量 | | | | | | | |
| 主要工程数量 | | | | 主要工料数量 | | | |
| 项目 | 单位 | 数量 | 建筑体积指标(每m³) | 项目 | 单位 | 数量 | 建筑体积指标(每m³) |
| 土方开挖 | m³ | 60.635 | 3.485 | 土建人工 | 工日 | 84.142 | 4.836 |
| 混凝土垫层 | m³ | 0.705 | 0.041 | 商品混凝土 | m³ | 9.160 | 0.526 |
| 钢筋混凝土底板 | m³ | 2.117 | 0.122 | 钢材 | t | 1.188 | 0.068 |
| 钢筋混凝土侧墙 | m³ | 3.603 | 0.207 | 级配砂石 | t | 10.862 | 0.624 |
| 钢筋混凝土顶板 | m³ | 2.736 | 0.157 | 中砂 | t | 33.400 | 1.920 |
| 井点降水 | 根 | 0.769 | 0.044 | 碎石 | t | 1.849 | 0.106 |
| | | | | 其他材料费 | 元 | 26.42 | 1.52 |
| | | | | 机械使用费 | 元 | 4999.52 | 287.33 |

单位:m

| 指标编号 | | 11F-04 | | 构筑物名称 | | 通信出线井 | |
|---|---|---|---|---|---|---|---|
| 结构特征:底板厚350mm,壁板厚350mm,顶板厚350mm | | | | | | | |
| 建筑体积 | | 17.80m³ | | 混凝土体积 | | 5.86m³ | |
| 项目 | 单位 | 构筑物 | | 占指标基价的% | 折合指标 | | |
| | | | | | 建筑体积(元/m³) | | 混凝土体积(元/m³) |
| 指标基价 | 元 | 31321 | | 100% | 2116.30 | | 5342.43 |
| 土建主要工程数量和主要工料数量 | | | | | | | |
| 主要工程数量 | | | | 主要工料数量 | | | |
| 项目 | 单位 | 数量 | 建筑体积指标(每m³) | 项目 | 单位 | 数量 | 建筑体积指标(每m³) |
| 土方开挖 | m³ | 42.840 | 2.895 | 土建人工 | 工日 | 64.803 | 4.379 |
| 混凝土垫层 | m³ | 0.447 | 0.030 | 商品混凝土 | m³ | 5.979 | 0.404 |
| 钢筋混凝土底板 | m³ | 1.493 | 0.101 | 钢材 | t | 0.819 | 0.055 |
| 钢筋混凝土侧墙 | m³ | 3.121 | 0.211 | 级配砂石 | t | 7.570 | 0.511 |
| 钢筋混凝土顶板 | m³ | 1.248 | 0.084 | 中砂 | t | 26.519 | 1.792 |
| 井点降水 | 根 | 0.759 | 0.051 | 碎石 | t | 0.965 | 0.065 |
| | | | | 其他材料费 | 元 | 23.68 | 1.60 |
| | | | | 机械使用费 | 元 | 4394.23 | 296.91 |

| 指标编号 | 11F－05 | | 构筑物名称 | 配电设备井 | |
|---|---|---|---|---|---|
| 结构特征:底板厚300mm,壁板厚300mm,顶板厚300mm | | | | | |
| 建筑体积 | 33.59m³ | | 混凝土体积 | 21.08m³ | |
| 项目 | 单位 | 构筑物 | 占指标基价的% | 折合指标 | |
| | | | | 建筑体积(元/m³) | 混凝土体积(元/m³) |
| 指标基价 | 元 | 86263 | 100% | 2567.82 | 4092.09 |
| 土建主要工程数量和主要工料数量 | | | | | |

| 主要工程数量 | | | | 主要工料数量 | | | |
|---|---|---|---|---|---|---|---|
| 项目 | 单位 | 数量 | 建筑体积指标（每 m³） | 项目 | 单位 | 数量 | 建筑体积指标（每 m³） |
| 土方开挖 | m³ | 110.480 | 3.289 | 土建人工 | 工日 | 195.850 | 5.830 |
| 混凝土垫层 | m³ | 2.901 | 0.086 | 商品混凝土 | m³ | 23.541 | 0.641 |
| 钢筋混凝土底板 | m³ | 3.520 | 0.105 | 钢材 | t | 3.184 | 0.095 |
| 钢筋混凝土侧墙 | m³ | 12.917 | 0.385 | 级配砂石 | t | 14.719 | 0.438 |
| 钢筋混凝土顶板 | m³ | 4.643 | 0.138 | 中砂 | t | 27.911 | 0.831 |
| 井点降水 | 根 | 0.781 | 0.023 | 碎石 | t | 2.127 | 0.063 |
| | | | | 其他材料费 | 元 | 57.32 | 1.71 |
| | | | | 机械使用费 | 元 | 7361.23 | 219.15 |

| 指标编号 | 11F－06 | | 构筑物名称 | 配电设备井 | |
|---|---|---|---|---|---|
| 结构特征:底板厚300mm,壁板厚300mm,顶板厚300mm | | | | | |
| 建筑体积 | 22.40m³ | | 混凝土体积 | 14.05m³ | |
| 项目 | 单位 | 构筑物 | 占指标基价的% | 折合指标 | |
| | | | | 建筑体积(元/m³) | 混凝土体积(元/m³) |
| 指标基价 | 元 | 57508 | 100% | 2567.82 | 4092.09 |
| 土建主要工程数量和主要工料数量 | | | | | |

| 主要工程数量 | | | | 主要工料数量 | | | |
|---|---|---|---|---|---|---|---|
| 项目 | 单位 | 数量 | 建筑体积指标（每 m³） | 项目 | 单位 | 数量 | 建筑体积指标（每 m³） |
| 土方开挖 | m³ | 79.425 | 3.546 | 土建人工 | 工日 | 130.567 | 5.830 |
| 混凝土垫层 | m³ | 1.934 | 0.086 | 商品混凝土 | m³ | 14.360 | 0.641 |
| 钢筋混凝土底板 | m³ | 2.347 | 0.105 | 钢材 | t | 2.123 | 0.095 |
| 钢筋混凝土侧墙 | m³ | 8.611 | 0.385 | 级配砂石 | t | 9.813 | 0.438 |
| 钢筋混凝土顶板 | m³ | 3.095 | 0.138 | 中砂 | t | 18.607 | 0.831 |
| 井点降水 | 根 | 0.781 | 0.035 | 碎石 | t | 1.418 | 0.063 |
| | | | | 其他材料费 | 元 | 38.21 | 1.71 |
| | | | | 机械使用费 | 元 | 4907.48 | 219.08 |

| 指标编号 | 11F-07 | | | 构筑物名称 | 热力舱节点井 | |
|---|---|---|---|---|---|---|
| 结构特征:底板厚400mm,壁板厚400mm,顶板厚400mm | | | | | | |
| 建筑体积 | 14.52m³ | | | 混凝土体积 | 8.48m³ | |
| 项目 | 单位 | 构筑物 | | 占指标基价的% | 折合指标 | |
| | | | | | 建筑体积(元/m³) | 混凝土体积(元/m³) |
| 指标基价 | 元 | 25113 | | 100% | 1729.52 | 2960.33 |
| 土建主要工程数量和主要工料数量 | | | | | | |

| 主要工程数量 | | | | 主要工料数量 | | | |
|---|---|---|---|---|---|---|---|
| 项目 | 单位 | 数量 | 建筑体积指标(每m³) | 项目 | 单位 | 数量 | 建筑体积指标(每m³) |
| 土方开挖 | m³ | 57.600 | 3.967 | 土建人工 | 工日 | 63.789 | 4.393 |
| 混凝土垫层 | m³ | 0.580 | 0.040 | 商品混凝土 | m³ | 8.220 | 0.566 |
| 钢筋混凝土底板 | m³ | 2.720 | 0.187 | 钢材 | t | 1.004 | 0.069 |
| 钢筋混凝土侧墙 | m³ | 3.043 | 0.210 | 木材 | m³ | 0.001 | 0.000 |
| 钢筋混凝土顶板 | m³ | 2.720 | 0.187 | 砂 | t | 0.560 | 0.039 |
| | | | | 豆石 | t | 0.007 | 0.001 |
| | | | | 其他材料费 | 元 | 399.65 | 27.52 |
| | | | | 机械使用费 | 元 | 3011.05 | 207.37 |

| 指标编号 | 11F-08 | | | 构筑物名称 | 控制中心连接段 | |
|---|---|---|---|---|---|---|
| 结构特征:底板厚500mm,壁板厚350mm,顶板厚450mm | | | | | | |
| 建筑体积 | 7.50m³ | | | 混凝土体积 | 5.40m³ | |
| 项目 | 单位 | 构筑物 | | 占指标基价的% | 折合指标 | |
| | | | | | 建筑体积(元/m³) | 混凝土体积(元/m³) |
| 指标基价 | 元 | 36069 | | 100% | 4809.19 | 6679.43 |
| 土建主要工程数量和主要工料数量 | | | | | | |

| 主要工程数量 | | | | 主要工料数量 | | | |
|---|---|---|---|---|---|---|---|
| 项目 | 单位 | 数量 | 建筑体积指标(每m³) | 项目 | 单位 | 数量 | 建筑体积指标(每m³) |
| 土方开挖 | m³ | 65.550 | 8.740 | 土建人工 | 工日 | 34.928 | 4.657 |
| 混凝土垫层 | m³ | 0.390 | 0.052 | 商品混凝土 | m³ | 6.375 | 0.850 |
| 钢筋混凝土底板 | m³ | 1.850 | 0.247 | 钢材 | t | 0.989 | 0.132 |
| 钢筋混凝土侧墙 | m³ | 1.880 | 0.251 | 木材 | m³ | 0.059 | 0.008 |
| 钢筋混凝土顶板 | m³ | 1.670 | 0.223 | 碎(砾)石 | t | 1.090 | 0.145 |
| 井点降水 | 根 | 2.660 | 0.355 | 其他材料费 | 元 | 203.87 | 27.18 |
| | | | | 机械使用费 | 元 | 7556.73 | 1007.56 |

| 指标编号 | 11F－09 | | 构筑物名称 | 暗挖段三舱分离 | |
|---|---|---|---|---|---|
| 结构特征：长度200m | | | | | |
| 建筑体积 | 42.89m³ | | 混凝土体积 | 41.68m³ | |
| 项目 | 单位 | 构筑物 | 占指标基价的% | 折合指标 | |
| | | | | 建筑体积(元/m³) | 混凝土体积(元/m³) |
| 指标基价 | 元 | 309251 | 100% | 7211.16 | 7419.64 |
| 土建主要工程数量和主要工料数量 | | | | | |
| 主要工程数量 | | | | 主要工料数量 | |
| 项目 | 单位 | 数量 | 建筑体积指标（每m³） | 项目 | 单位 | 数量 | 建筑体积指标（每m³） |

| 项目 | 单位 | 数量 | 建筑体积指标（每m³） | 项目 | 单位 | 数量 | 建筑体积指标（每m³） |
|---|---|---|---|---|---|---|---|
| 土方开挖 | m³ | 123.910 | 2.889 | 土建人工 | 工日 | 795.160 | 18.542 |
| 钢筋混凝土初衬 | m³ | 16.350 | 0.381 | 商品混凝土 | m³ | 75.550 | 1.762 |
| 钢筋混凝土底板 | m³ | 8.510 | 0.198 | 钢材 | t | 21.153 | 0.493 |
| 钢筋混凝土拱墙 | m³ | 16.820 | 0.392 | 木材 | m³ | 0.989 | 0.023 |
| 回填混凝土 | m³ | 6.620 | 0.154 | 其他材料费 | 元 | 22504.33 | 524.76 |
| | | | | 机械使用费 | 元 | 14981.97 | 349.35 |

## 材料价格汇总表

| 序号 | 项目名称 | 单位 | 价格（元） | 说明 |
|---|---|---|---|---|
| 1 | 热轧圆钢10～14 | t | 3620.00 | |
| 2 | 热轧带肋钢筋14 | t | 3680.00 | |
| 3 | 型钢 | t | 3550.00 | |
| 4 | 普通硅酸盐水泥42.5 | t | 390.00 | |
| 5 | 商品混凝土 C30 | m³ | 395.00 | |
| 6 | 商品混凝土 C35 | m³ | 410.00 | |
| 7 | 木材 | t | 2200.00 | |
| 8 | 砂 | t | 67.00 | |
| 9 | 碎石(0.5～3.2) | t | 59.00 | |
| 10 | 豆石(0.5～1.2) | t | 63.00 | |
| 11 | 级配砂石 | t | 51.00 | |
| 12 | 建筑工程人工 | 工日 | 99 | |
| 13 | 安装工程人工 | 工日 | 88 | |
| 14 | 防腐无缝钢管 D219×7 | m | 283.93 | |
| 15 | 防腐螺旋钢管 D323.9×7.9 | m | 460.70 | |
| 16 | 防腐螺旋钢管 D406.4×7.9 | m | 580.19 | |
| 17 | 防腐螺旋钢管 D508×8 | m | 734.11 | |
| 18 | 镀锌钢管20 | m | 8.82 | |

| 序号 | 项 目 名 称 | 单位 | 价格(元) | 说明 |
|------|------------|------|----------|------|
| 19 | 可燃气体检测探头 | 台 | 2200 | |
| 20 | 可燃气体检测报警器 | 台 | 18000 | |
| 21 | 联动控制箱 | 台 | 2000 | |
| 22 | 预制保温管 $D400$(含接口保温) | m | 1267.88 | |
| 23 | 预制保温管 $D450$(含接口保温) | m | 1364.23 | |
| 24 | 预制保温管 $D500$(含接口保温) | m | 1505.26 | |
| 25 | 预制保温管 $D600$(含接口保温) | m | 1950.09 | |
| 26 | 预制保温管 $D700$(含接口保温) | m | 2393.40 | |
| 27 | 预制保温管 $D800$(含接口保温) | m | 2871.93 | |
| 28 | 预制保温管 $D900$(含接口保温) | m | 3154.39 | |
| 29 | 预制保温管 $D1000$(含接口保温) | m | 3466.61 | |
| 30 | 波纹管补偿器 $DN400$ | 个 | 33155 | |
| 31 | 波纹管补偿器 $DN450$ | 个 | 38396 | |
| 32 | 波纹管补偿器 $DN500$ | 个 | 41294 | |
| 33 | 波纹管补偿器 $DN600$ | 个 | 57060 | |
| 34 | 波纹管补偿器 $DN700$ | 个 | 75838 | |
| 35 | 波纹管补偿器 $DN800$ | 个 | 78634 | |
| 36 | 波纹管补偿器 $DN900$ | 个 | 81684 | |
| 37 | 波纹管补偿器 $DN1000$ | 个 | 95270 | |
| 38 | 焊接阀门 $DN400$ | 个 | 46000 | |
| 39 | 焊接阀门 $DN450$ | 个 | 59500 | |
| 40 | 焊接阀门 $DN500$ | 个 | 75000 | |
| 41 | 焊接阀门 $DN600$ | 个 | 110000 | |
| 42 | 焊接阀门 $DN700$ | 个 | 150000 | |
| 43 | 焊接阀门 $DN800$ | 个 | 230000 | |
| 44 | 焊接阀门 $DN900$ | 个 | 301000 | |
| 45 | 焊接阀门 $DN1000$ | 个 | 380000 | |
| 46 | 电力电缆 $YJV_{22} - 8.7/15kV - 3 \times 120mm^2$ | m | 356 | |
| 47 | 电力电缆 $YJV_{22} - 8.7/15kV - 3 \times 240mm^2$ | m | 583 | |
| 48 | 电力电缆 $YJV_{22} - 8.7/15kV - 3 \times 300mm^2$ | m | 727 | |
| 49 | 电力电缆 $YJV_{22} - 8.7/15kV - 3 \times 400mm^2$ | m | 762 | |
| 50 | 电力电缆 $YJV_{22} - 8.7/24kV - 3 \times 120mm^2$ | m | 389 | |
| 51 | 电力电缆 $YJV_{22} - 18/24kV - 3 \times 300mm^2$ | m | 736 | |
| 52 | 电力电缆 $YJV - 26/35kV - 1 \times 630mm^2$ | m | 401 | |
| 53 | 电力电缆 $YJV - 26/35kV - 3 \times 300mm^2$ | m | 767.28 | |
| 54 | 电力电缆 $YJV - 26/35kV - 3 \times 400mm^2$ | m | 787 | |
| 55 | 电力电缆 $YJLW03 - 66 - 1 \times 1000mm^2$ | m | 730 | |